海岸工学概論

近藤俶郎・佐伯　浩・佐々木幹夫・佐藤幸雄・水野雄三
共　著

森北出版株式会社

●本書のサポート情報をホームページに掲載する場合があります.
下記のアドレスにアクセスし，ご確認ください.

http://www.morikita.co.jp/support/

●本書の内容に関するご質問は，森北出版 出版部「(書名を明記)」
係宛に書面にて，もしくは下記の e-mail アドレスまでお願いします.
なお，電話でのご質問には応じかねますので，あらかじめご了承く
ださい.

editor@morikita.co.jp

●本書により得られた情報の使用から生じるいかなる損害について
も，当社および本書の著者は責任を負わないものとします.

■本書に記載されている製品名，商標および登録商標は，各権利者
に帰属します.

■本書の無断複写は著作権法上での例外を除き禁じられています.
複写される場合は，そのつど事前に (社) 出版者著作権管理機構
(電話 03-3513-6969，FAX03-3513-6979，e-mail:info@jcopy.or.jp)
の許諾を得てください.

まえがき

　海岸工学は，1950 年にアメリカ合衆国に誕生した工学の一専門分野であるが，半世紀を経た今日では完成された専門分野として国際的に定着している.

　海に関する学問分野としては，海洋学，気象学，地質学などの理学領域の学問や，また水産関連そして土木，造船，採鉱など工学領域の学問があった．しかし海岸では沖合の海とは異なり陸の影響が強く，波や潮汐などの外力が地形の影響で変形させられ，また川からの流れや土砂が集中して押し寄せる場所である．その結果，砂浜海岸で典型的に見出されるように海底地形が絶え間なく変わり，それが再び外力を変えるという相互作用が繰り返されている．こうした海岸域の動態についての科学的知識を統括し，海岸を保護あるいは利用する施設やシステムを実現するための工学が，海岸工学である．このような背景から誕生した海岸工学は，長大な自然海岸が多く，海からの外力が強大な大陸の諸国においては必要性が高く，着実に発展した．一方，我が国のように複雑な海浜地形を有し，海上交通や水産業が発達していた島国では，港を対象とした港湾工学が発達していたが，施設や活動領域の規模が大きくなるにつれて広域かつ長期の視野に立つ海岸工学の必要性が増大した.

　今日の海岸域は人間活動が最も活発に営まれる場所であり，それゆえに各種の施設や構造物が設置され，かつ人間活動に付随する排出物質の多いところである．しかもそれらは人口増，工業化進展のため，世界的には今後も増加することは避けられない．こうした趨勢を受けて，我が国では 1956 年施行の海岸法の抜本的な改正がなされ，2000 年から新海岸法が施行されている．変更の要点は，海岸域における対象を従来の「防災」に加えて「環境保護と利用」をも対象とし，それにともない「広範囲の海岸」を対象とし，かつ海岸管理への「地方自治体の役割を強化」していることにある.

　現在の海岸には下記のような課題がある.

ii　まえがき

1. 陸域からの土砂流入が治山治水および利水事業により減少し，慢性的な海岸侵食が続いている．
2. 港や埋立地の大型化により，波浪，流れならびに地形の変化する範囲が広域化している．
3. 廃棄物処理，レクリエーション，海上空港など大型の海域空間利用の需要が多い．

現代の海岸工学はこのような課題に適切に応えることが要請されている．

本書は 1987 年に出版された尾崎 晃・八鍬 功・村木義男・近藤俶郎・佐伯浩共著『概説 海岸工学』（以下，前書という）の後継版にあたる．前書は大学，高専における専門科目の標準的な教科書および土木技術者の基礎技術書として多くの読者から好評を得た．しかし，その後の 15 年の内外の研究成果を取り入れる必要があること，および新海岸法に関連した内容の見直しが本書刊行の動機となった．基本的構成は前書と同様であるが，1，3，4，6 章の内容は大幅に変わっており，また例題や演習問題を充実させている．もとより未知の事象が多い海岸を対象とする工学のため，概説書である本書では不十分な内容に留まっているところがあることは否定できない．さらに詳しい内容について知りたい読者には，参考文献に示されている内外の専門書を参照されることをお奨めする．

本書は下記の 5 名の著者の共著であり，以下に執筆分担の章，節とともに示す．

近藤俶郎　　1 章（1·1，1·2），2 章，3 章（3·6，3·7），5 章
佐伯　浩　　3 章（3·1〜3·5，3·8，3·9）
佐々木幹夫　4 章
佐藤幸雄　　1 章（1·3〜1·5），7 章
水野雄三　　6 章

本書の図表，写真に関しては学術論文，政府刊行物から引用したものや自治体などから提供されたものが多くあり，それら著者および関係機関に感謝する．

前書の著者であり，本書の著者らが長くご指導頂いた尾崎 晃（北海道大学名誉教授），八鍬 功（北海道大学名誉教授），村木義男（北海道工業大学名誉

教授）の諸先生には衷心よりお礼を申し上げる．また本書計画の初期の段階で内容について議論を頂いた故濱中建一郎博士（北海道東海大学），山下俊彦博士（北海道大学）ならびに飯島 徹博士（室蘭工業大学），および最終段階で資料の検討をお願いした浦島三朗博士（苫小牧高専）に感謝する．

　本書の基礎は著者らが現在もしくは以前に所属した大学や研究機関での研究，教育の成果に依るものであり，研究室のスタッフや院生，学生の支援に深く感謝する．

　最後に本書の出版にあたり，大変にお世話をいただいた森北出版㈱の方々に深謝する．

2005 年 1 月

著者一同

目　　次

1章　総　　論

1·1　はじめに　……………………………………………………………………　1

1·2　海岸工学とは　………………………………………………………………　2

1·3　海岸の地形と保全　…………………………………………………………　3

1·4　我が国海岸の現況　…………………………………………………………　7

1·5　海　岸　法　…………………………………………………………………　9

2章　海の利用

2·1　海の利用と海洋法　…………………………………………………………　14

2·2　海　運　と　港　……………………………………………………………　16

2·3　臨海型産業　…………………………………………………………………　19

2·4　漁業（捕ることから育てることへ）　………………………………………　19

2·5　都　市　と　海　……………………………………………………………　21

2·6　海洋資源と海洋エネルギーの利用　………………………………………　21

演　習　問　題　…………………………………………………………………　24

3章　海　の　波

3·1　波の発生と起源　……………………………………………………………　25

3·2　波の分類と諸元　……………………………………………………………　26

3·3　線形波動理論　………………………………………………………………　28

3·4　線形波動理論の性質　………………………………………………………　32

3·5　非線形波動理論（有限振幅波）の性質　…………………………………　37

3·6　海の波の性質　………………………………………………………………　39

3·7　風による波の推定　…………………………………………………………　46

目　　次　**v**

　3・8　波 の 変 形　………………………………………　48
　3・9　長 周 期 波　………………………………………　71
　演 習 問 題　………………………………………………　95

4章　海岸の流れ

　4・1　流れの分類　………………………………………　96
　4・2　海　　　流　………………………………………　98
　4・3　潮　　　流　………………………………………　100
　4・4　吹 送 流　…………………………………………　103
　4・5　海 浜 流　…………………………………………　104
　4・6　河口密度流　………………………………………　118
　4・7　感潮狭水路の流れ　………………………………　122
　4・8　流れによる物質の移動　…………………………　125
　4・9　海浜流の観測　……………………………………　130
　演 習 問 題　……………………………………………　132

5章　漂砂と海浜過程

　5・1　漂　　　砂　………………………………………　134
　5・2　海浜砂の特性　……………………………………　135
　5・3　漂砂の形態　………………………………………　138
　5・4　漂砂と海底地形　…………………………………　141
　5・5　海 浜 過 程　………………………………………　145
　5・6　安定海岸の計画　…………………………………　146
　演 習 問 題　……………………………………………　147

6章　海岸の施設

　6・1　波と構造物　………………………………………　148
　6・2　波　　　力　………………………………………　158
　6・3　海岸保全施設　……………………………………　168
　6・4　海岸利用施設　……………………………………　184
　演 習 問 題　……………………………………………　190

vi 目　　次

7章　海岸環境の保全

7·1　海岸環境問題 ……………………………………… 191

7·2　景観，生物環境の保全 ……………………………… 192

7·3　沿岸域の水質保全 …………………………………… 194

7·4　地球環境と海岸 ……………………………………… 196

演 習 問 題 ……………………………………………… 196

演習問題解答 ……………………………………………… 197

付　　録 …………………………………………………… 203

参 考 文 献 ……………………………………………… 209

索　　引 …………………………………………………… 216

総論 1

■ワイキキビーチ(アメリカ, ハワイ州)

1・1 はじめに

　海岸とは，海と陸の接線を指す言葉である．これは川の場合の「河岸」に相当する．口語的な表現では，それらは「うみべ」あるいは「かわべ」となる．
　さて現在の私達は「海岸」という言葉から何をイメージするだろうか？ 海，砂浜，波，魚，船……，という昔と変わらないものの他に，工場，コンクリート，ブロック，遊園地，ヨット，サーフィン，ごみ……というのが連想されるはずである．事実，白砂青松や荒波岩礁を噛む自然な風景がいたるところに見出されたのは遠い昔のことで，現在の海岸では自然そのものは少なくなり，替わって人工物が増加してきた．
　自然としての海岸は海と陸からのエネルギーが集中し，水や物質がダイナミックに運動しているところであり，そのために生物が繁茂，蝟集(いしゅう)しやすい環境にある．そのため昔から食糧を求める人間にとっては生活の場，そして生産の場として利用され，そこに造られた集落はやがて都市が形成されるのに適した地帯となった．一方，海岸は海からのエネルギーの集中作用が，時には大時化

2 1章 総　　論

や高潮となって来襲し，せっかく，作り上げた海辺の施設や住居が時には破壊されてしまう，便利さと危険が表裏一体となっているところでもある．

やがて大航海時代になり，国際貿易が活発化すると，港が大きくなり，港湾都市が発達した．さらに 18 世紀の産業革命後は，エネルギー資源としての化石燃料の使用量が急増し，それとともに臨海型工業が普及し，海岸域の都市化が顕著になった．その結果として海岸の人工化，人工物の漂着あるいは海水汚染が目立ってきた．海岸に限らず現在の地球の自然環境は，20 世紀後半の世界的な人口増加，工業化，その結果としての豊かな消費生活のために悪化してきた．

地球上の陸海空の環境は密接に関連している．地形，生態などの陸上環境は気象と関係しており，陸上の環境変化は海洋環境の変化をもたらす．海洋は地球表面の 70% を占めているので，海洋環境は気象に影響し，それは再び陸上の環境に影響する．20 世紀は各国が貧困から豊な生活の実現を目標にして，多くの戦争を伴いながら，科学技術を発展させてきた．21 世紀の科学技術は，人間が自然と共存できることを目標としなくてはならない．

もともと私達の海についての知識は，陸についての知識に比べて格段に少なく，それゆえに海岸の諸現象について間違った判断を下すことが少なくない．それは，海岸に関する事業を担当する技術者が最も心しなくてはならないことである．

1・2　海岸工学とは

科学とは真理の探求の成果を，演繹的に体系づける作業である．工学とは科学的手法によって，生産財あるいは施設を対象に，その計画，設計，製作あるいは建設，管理運営するための学問である．土木工学は上記の対象として，交通施設（道路，鉄道，港，空港など），防災施設（堤防，ダムなど），都市施設（上下水道，廃棄物処理場，公園など），エネルギー施設（発電所，貯蔵施設など）を扱う．海岸工学（coastal engineering）は海岸を守る施設（海岸保全施設と呼ばれる）や利用する施設を対象とする工学である．海洋学，地質学，気象学，流体力学などの科学を基礎とし，土木工学の中の構造力学や土質工学などの分野や，機械工学や電子工学にも依存する学際的な工学である．

海岸工学以外の海に関する工学としては，港を対象にする「港湾工学」，船舶を対象とする「造船工学」，海洋構造物を扱う「海洋工学」がある．

海岸工学は 1950 年にアメリカ合衆国に発祥した学問である．その背景は，第 2 次大戦中に進歩した海の波や，海底の砂移動（漂砂と呼ばれる）の科学的解明によるところが大である．それまでは我が国では港湾工学や造船工学はあったが，海岸工学という概念はなかった．しかし第 2 次大戦中の公共事業の貧困とその後の相次ぐ大規模台風による海岸災害の頻発は，その対策にアメリカの海岸工学に多くを学ぶ必要があり，1954 年に土木学会の中に海岸工学を扱う海岸工学委員会が発足した．そして海岸，港湾事業の基礎知識としての必要性と，学際的魅力から我が国の土木工学のなかでも急速な発展をみて，20 年後にはアメリカに次ぐ海岸工学の先進国となった．

海岸工学の研究手法は主として物理的なものであるが，今日では化学的，生物学的な手法をとる課題もあるし，また社会科学的な考えも必要となる．

1·3　海岸の地形と保全

海岸の地形は地質学的には，沈降，隆起ならびに地盤変動などの陸の営力によってその骨格が定まり，それに加えて波，流れなどの海洋の営力によって地形が形成される．海岸地形の分類としては，次の二つが主なものである[1]．

（1）ジョンソン（Johnson, D.W.）の分類

海岸が地形的にどのように発生し，変化していくかという地形発生的な立場からの分類である．

1）沈水（沈降）海岸

土地が沈降するか，もしくは海面が上昇する場合に形成される海岸で，複雑な海岸線を示す．山地沈水海岸はリアス式海岸，氷河沈水海岸はフィヨルド海岸，丘陵沈水海岸は多島海岸となる．

2）離水（隆起）海岸

土地が隆起するか，もしくは海面が下降した場合に形成される海岸で，海底の比較的平坦な地形が陸上に現れて単調な海岸線を形成する．平地が隆起すると海岸平野が形成される．

3）中立海岸

沈降，隆起のいずれにも属さない海岸で，新しい堆積物が供給されることで形成される海岸である．流砂により河口にできる三角洲海岸，火山噴出物による火山海岸，珊瑚礁海岸，断層海岸，氷河海岸がある．

4　1章　総　　論

4）合成海岸

上記1）～3）の二つ以上の成因により，形成される海岸である．

(2) シェパード (Shepard, F.P.) の分類

海岸を二分類し，1次海岸と2次海岸とした．1次海岸とは陸の営力による海岸をいい，2次海岸とは海洋の営力が大きい海岸である．

1) 1次海岸 (primary coast)

陸上侵食海岸（リアス式海岸，フィヨルド海岸，カルスト海岸），陸上堆積海岸（三角洲，氷河堆積海岸，風成堆積海岸，地すべり海岸），火山海岸（溶岩流海岸，噴火海岸），構造性地形海岸（断層海岸，摺曲海岸，岩塩ドーム）

2) 2次海岸 (secondary coast)

波浪侵食海岸（直線海食海岸，屈曲海岸），海洋堆積海岸（バリアビーチ，浜平原，泥平底など），生物形成海岸（珊瑚礁海岸，貝殻礁海岸，マングローブ，湿原平野）

海岸の地形形成の主な成因についてこれら二つの分類法から共通するものは

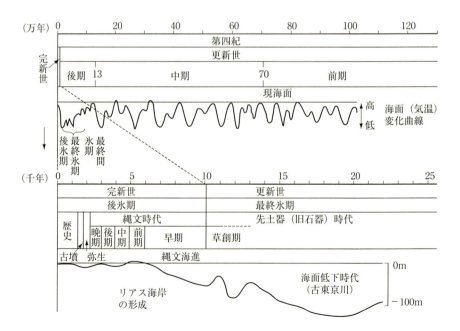

図1・1　地質年代と海面変化[2]

1·3 海岸の地形と保全

㋐ 地殻運動および地盤変動
㋑ 気候などによる海水準の長期的変動
㋒ 河川など陸からの堆積物
㋓ 波浪，流れなどの海からの外力作用

の4種である．㋐は当然の事であり，㋒，㋓については海岸過程として5章で扱われるので，㋑についてここでふれておくことにする．

図1·1は地質年代ごとの我が国の海水準の概略を示す[2]．第四紀最後の氷期以後は，海水準は上昇を続け，1万年の間に約100m上昇した．そして今から約6千年前には現在よりも3mほど水面が高かった時期があったが，2～3千年前には逆に1～2mほど低い時期もあったようである．

20世紀にいたって，化石燃料の使用量が急増し，それによりCO_2の排出量も増加し，それはまた近年の地球温暖化傾向の一因とされている．温暖化の進行は海水準の人為的上昇を招くこととなる．標高の低い島国にとって深刻な問題となっている．

以上，海岸地形の成因について一般的に述べたが，その影響は時代とともに，国別，地理的，地域ごとに異なることに留意しなくてはならない．

つぎに，海岸防災の立場から海岸の概要を述べると海岸域の範囲を図1·2に示すように陸地側の海岸あるいは海岸線から海浜（前浜および後浜）を通って海上の外浜の一部を含めた一帯をさすこととする．

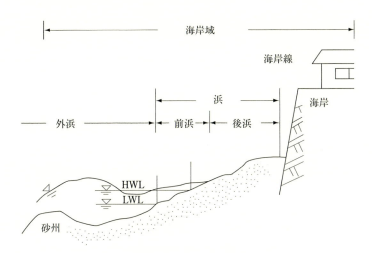

図1·2 海浜の一般断面

普通海岸と呼ばれる箇所は図1·3(a)に示すような広い砂浜の海浜があり，波が遡上したり，引いたりする波打ち際すなわち汀（なぎさ）線が容易に想定し得るところに強いイメージを持つことが多い．その他にも図1·3(b)のような砂浜部分が少なく波が直接浜崖を襲うような箇所から図1·3(c)に見えるように海中に崖が張り出して波が直接岸壁に衝突し，波しぶきを上げるような海岸も多く見られる．

これらの海岸の中で海岸防災の立場から海岸域を守る必要があるのは図1·3(b)，図1·3(c)のような海岸である．特に図1·3(b)のような海岸は侵食性の海岸であり急速に海岸侵食が進んでいる状態にある．また背後地に農地，住宅，工場その他の施設がある場合には海岸侵食に対する防災対策が急務である．このような海岸に対して図1·3(a)のような広い砂浜を有する海岸の場合は図1·3(d)のようにその周囲に岬などがあり海岸がポケットビーチ (pocket beach) の状況にあるか，または近隣に大きな河川があって河口から海へ砂が流出され，その砂が海岸に常時補給されるような状況にあれば海岸は侵食されず長期的に安定した海岸となり，なぎさ線の後退も起こらない．しかし，このような自然の状態で安定している海岸はあまり多くはない．ほとんどの海岸では砂浜

(a) 砂浜海岸

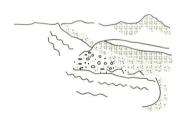

(b) 浜崖海岸

(c) 海崖海岸

(d) 余市海岸　（北海道,日本海側,1998）

図1·3　海岸の種類

は徐々に削られてなぎさ線の後退が見られる．

すなわち，短期的に見ると安定しているような砂浜海岸であっても，数年に渡って測量調査を行ってみると年平均1〜2m程度なぎさ線が後退していることに気付き，急いで侵食対策が実施されるような海岸も多く見られる．海岸に打ち寄せる波の周期を平均6秒程度とすると，波高の大小はあるが，波が打ち寄せる回数は1日当たり14,000回，波は昼夜を問わず海岸に襲来するため年間では500万回にも及ぶことになる．したがって，自然の海岸のままの状態で何らかの人為的対策を加えない場合は冬期の荒波も加わり砂浜は着実に侵食される運命にあるともいわれている．

一方，図1·3(c)のように海崖が張り出しているような海岸では，これまでの長い年月の経過にともなって若干の変容はあるとしても，波の襲来を受け止める堅い岩壁はすでに安定した状態にあり，砂浜あるいは浜崖の場合ほど波による影響は少ないと考えられる．また，海崖の頂部一帯には直接被害を受けるような農地，市街地もなく，普通は草地，森林，雑木林がある場合が多く，このような海岸に対しては防災の立場で何か対策を考えることはほとんどないといって良いであろう．

防災とは国土，人命，公的および私的財産を被害から守ることに他ならないことであり，人命はもちろん，失われる財産が多いほど被害は甚大であり，大規模な災害（大災害）ともいわれる．この意味から特に一時的ではあるが海底地震による津波（tsunami），比較的頻繁に起こる台風時の異常気象による高潮（storm surge）の発生は大災害を引き起こす可能性は大きく，確実に防災対策を行う必要がある．最近発生した北海道南西沖地震津波（平成5年7月，マグニチュード$M = 7.8$），パプア地震津波（平成10年7月，マグニチュード$M = 7.1$）は津波の恐ろしさを痛感させられた実例である．

また，現在津波，高潮に対する防災対策は質の向上をめざして着実に進展している．一方，絶え間なく発生する波浪による災害も小規模ではあるが，積み重なると見逃せない大きな災害につながり，常時，防災対策が必要である．

1·4 我が国海岸の現況

我が国の海岸線総延長は35,000km，そのうちの約13,000kmが砂浜，礫浜，泥浜であり，また約10,000kmが岩礁，崖の自然海浜である．残りの約

12,000 km が構造物などがある人工的な海岸である．また海岸部には約 51,000 ha の干潟と約 200,000 ha の藻場，約 87,000 ha の珊瑚礁がある．

表 1·1 には世界主要国の海岸線総延長および国土面積，人口当たり海岸線延長などを掲げるが[4]，我が国の海岸線は国土面積に較べれば非常に長い．飛行機からみる地上の風景でわかるように，国土の大半は山地であって平坦な土地は少なく，また島国であるからその大半は海岸平野である．農業が主産業であった昔から，商業地を中心に海岸域の人口密度は高かった．1960 年代以降の工業化の進行とともに，海岸域の著しい工業化，都市化が見られ，海岸域への人口集中が顕著となった．

特に輸出入に関連する重化学工業の沿岸域への立地は，いわゆる東京湾，伊勢湾，大阪湾，瀬戸内海，洞海湾などの内湾の多くの海岸線を臨海工業地帯としてしまい，自然海岸の減少を招いた．加えて水力発電や治水目的のダムが河川上流部に相次いで建設されたので，海岸への土砂供給量が減少し，1960 年代以降は多くの自然海岸は侵食される場合が多くなった[5]．また工業化，都市化は廃水や廃棄物を沿岸海域に放出する場合が増し，それに伴って沿岸水質汚染の課題が出現した．それは我が国の伝統的な産業の一つである沿岸漁業にも影響を与え，やがて 1970 年には水質汚濁防止法の制定をみるに至っている．

表 1·1　主要国の海岸線延長[4]

区分 国名	海岸線延長 [km]	国土面積 (1,000km²)	人口 (2000 年) (1,000 人)	面積当たり 海岸線延長 (km/1,000km²)	人口当たり 海岸線延長 (km/100 万人)
イギリス(本国)	8,850	244	59,510	36.3	141
フ ラ ン ス	7,820	547	59,330	14.3	132
ド イ ツ	2,820	357	82,800	7.1	34
イ タ リ ア	5,050	301	57,630	16.8	76
デ ン マ ー ク	6,450	43	5,340	150.0	1,208
スウェーデン	6,790	450	8,870	15.1	766
オ ラ ン ダ	1,450	41	15,890	35.4	912
ス ペ イ ン	3,000	505	40,000	5.9	75
ア メ リ カ	56,700	9,363	275,560	16.5	206
ブ ラ ジ ル	5,760	8,512	172,860	0.7	33
日 本	33,057	378	126,920	87.5	260

注：日本のデータは北方領土を除いたもの

人間がいかに手を加えて制御しようとしても，海岸は自然の物質やエネルギーが集散する場所であるから，常に制御することは不可能である．常時の何十倍ものエネルギーをもつ，台風，高潮あるいは津波が来襲すると，社会資本が集中している海岸地帯で大きな被害が発生する．これを我々は海岸災害と呼んでいるが，それは人間側からみた表現である．またそうした目に見える災害に加えて，人間の行為が間接的な原因となる災害もある．かつては大きな河川では大量の土砂が上流から下流へと運ばれ，河口に堆積して海岸線は毎年数十mも海側に前進していた．しかし上流での渓流砂防工事やダムによって，流砂量が減少し，しかも海岸沿いの道路や鉄道によって海岸への供給土砂量も減少している．そのために海岸が侵食，決壊することとなる．最近 15 年間で砂浜の約 13％に相当する約 2,400 ha が失われた．こうした現象は島国である我が国ではきわめて深刻な災害である．

1・5 海 岸 法

海岸域を災害から守り，保全する区域などを定める法律である海岸法は 1956 年に制定された．近年に至って，人間にとって直接的な災害に対応する対策としての防災に加えて広義の海岸環境を配慮する必要が要請されていることから，海岸法の中身を保全から，防災，利用ならびに環境調和からなる海岸管理とすることとし，1999 年に海岸法の改正がなされた．

環境や利用を含む広い意味での海岸の保全は，第一に，その海岸周辺に住む市民の海岸を大切に守る意識が不可欠となる．新しい海岸法では図 1・4 のように全国の海岸を 71 に区分し，所在する地方自治体が広域的，総合的な視点に立って海岸管理計画を立てることとなった．図 1・5 は海岸線の延長を，要保全区域延長，保全施設の有効延長とともに示してある．図 1・6 は都道府県別の海岸線の延長を，要保全区域延長，保全施設の有効延長とともに示してある．

今日の海岸に関する環境要素としては，表 1・2 のように多岐にわたる．海岸はそれを取り巻く環境の変化に対応して，生物のように性状を変える．自然の力だけではなく，人工的外力が大きく変われば，海岸性状も変わることを忘れてはならない．

都道府県名	沿岸名	区域 起点	区域 終点	摘要
北海道	北見	宗谷岬	知床岬	①
北海道	根室	知床岬	納沙布岬	
北海道	十勝釧路	納沙布岬	襟裳岬	
北海道	日高胆振	襟裳岬	地球岬	
北海道	渡島東	地球岬	恵山岬	
北海道	渡島南	恵山岬	白神岬	
北海道	後志檜山	白神岬	積丹岬	
北海道	石狩湾	積丹岬	雄冬岬	
北海道	天塩	雄冬岬	宗谷岬	②
青森	下北八戸	岩手県界	北海岬	
青森	陸奥湾	北海岬	根岸	③
青森	津軽湾	根岸	秋田県界	④
秋田	秋田	青森県界	山形県界	
山形	山形	秋田県界	新潟県界	
岩手	三陸北	青森県界	鮪ヶ崎	
岩手宮城	三陸南	鮪ヶ崎	黒崎(牡鹿半島)	
宮城福島	仙台湾	黒崎(牡鹿半島)	茶屋ヶ崎	
福島	福島	茶屋ヶ崎	茨城県界	
茨城	茨城	福島県界	千葉県界	
千葉	千葉東	茨城県界	洲崎	
千葉 東京 神奈川	東京湾	洲崎	剣崎	
東京	伊豆小笠原諸島	-	-	
神奈川	相模灘	剣崎	静岡県界	
新潟	新潟北	山形県界	鳥ヶ首岬	
新潟	佐渡	-	-	
新潟富山	富山湾	鳥ヶ首岬	石川県界	
石川	能登半島	富山県界	高岩岬	
石川福井	加越	高岩岬	越前岬	
静岡	伊豆半島	神奈川県界	大瀬崎	
静岡	駿河湾	大瀬崎	御前崎	
静岡愛知	遠州灘	御前崎	伊良湖岬	
愛知三重	三河湾・伊勢湾	伊良湖岬	神前崎	
三重和歌山	熊野灘	神前崎	潮岬	
福井	若狭湾	越前岬	京都府界	
京都	丹後	福井県界	兵庫県界	
兵庫	但馬	京都府界	鳥取県界	
和歌山	紀州灘	潮岬	大阪府界	
兵庫大阪	大阪湾	和歌山県界	明石市東境界	
兵庫	播磨	明石市東境界	岡山県境	
兵庫	淡路	-	-	
鳥取	鳥取	兵庫県境	島根県境	
島根	島根	鳥取県境	山口県境	
島根	隠岐	-	-	
山口	山口北	島根県境	下関市北境界	
山口	山口南	下関市北境界	広島県境	
広島	広島	山口県境	岡山県境	
岡山	岡山	広島県境	兵庫県境	
徳島香川	讃岐阿波	三崎(三豊郡)	孫崎(鳴門)	
徳島	紀伊水道西	孫崎(鳴門)	蒲生田岬	
徳島高知	海部灘	蒲生田岬	室戸岬	
高知	土佐湾	室戸岬	足摺岬	
高知愛媛	豊後水道東	足摺岬	佐田岬	
愛媛	伊予灘	佐田岬	錨掛ノ鼻	
愛媛香川	燧灘	錨掛ノ鼻	三崎(三豊郡)	
福岡	玄界	佐賀県境	北九州市西境界	
福岡大分	豊前豊後	北九州市西境界	関崎	
大分	豊後水道西	関崎	宮崎県界	
宮崎	日向灘	大分県境	鹿児島県境	
鹿児島	大隅	宮崎県境	佐多岬	
鹿児島	鹿児島湾	佐多岬	長崎鼻(薩摩半島)	
鹿児島	薩摩	長崎鼻(薩摩半島)	大崎(長島)	⑤
鹿児島	薩南諸島	-	-	⑥
鹿児島熊本	八代海	大崎(長島)	小松崎(天草下島)	⑦
熊本 佐賀 福岡 長崎	有明海	長崎鼻(天草下島)	瀬詰崎	⑧
熊本	天草西	小松崎(天草下島)	長崎鼻(天草下島)	
長崎	橘湾	瀬詰崎	野母崎	
長崎	西彼杵	野母崎	西海橋(西彼町側)	
長崎	大村湾	西海橋(西彼町側)	西海橋(佐世保市側)	
長崎佐賀	松浦	西海橋(佐世保市側)	福岡県境	
長崎	五島・壱岐・対馬	-	-	
沖縄	琉球諸島	-	-	⑨

①宗谷岬は宗谷港港湾区域の西端とする.
②宗谷岬は宗谷港港湾区域の西端とする.
③根岸は平舘漁港区域の南端とする.
④根岸は平舘漁港区域の南端とする.
⑤黒瀬戸においては黒之瀬戸大橋を境界とする.
⑥硫黄鳥島を除く.
⑦本渡瀬戸においては瀬戸大橋を境界とする.
　天草松島地域においては天草2号橋から天草4号橋及び会津港港湾区域西端を境界とする.三角港付近は三角港港湾区域北端を境界とする.
⑧本渡瀬戸においては瀬戸大橋を境界とする.天草松島地域においては天草2号橋から天草4号橋及び会津港港湾区域西端を境界とする.三角港付近は三角港港湾区域北端を境界とする.
⑨硫黄鳥島を含む.

図1・4　日本の海岸区分6)

1・5 海岸法　11

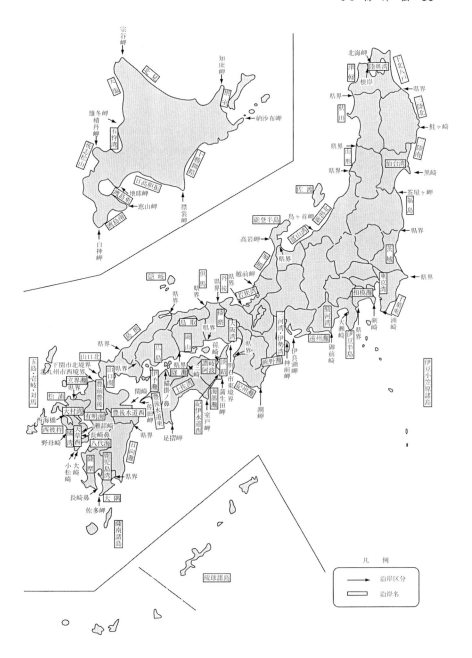

図 1・4　日本の海岸区分（つづき）6)

12 1章 総　論

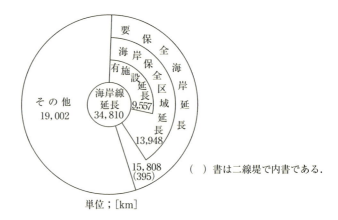

図1・5　海岸の概況[7]

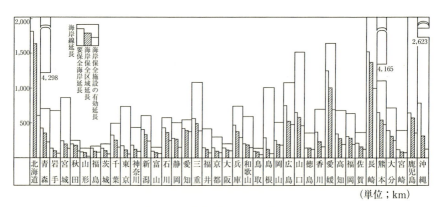

図1・6　都道府県別の海岸線延長[7]

表 1·2　海岸環境の諸要素[8]

海岸環境	自然・生態	海岸線（砂礫海岸・岩石海岸，自然海岸・人工海岸） 気圏（気象，大気質，悪臭，音） 水圏（水象，海底地形，水質，底質） 地圏（地象，地形，土壌質，地下水，地表水） 生態（陸生・水生動植物，ベントス・プランクトン・ネクトン，干潟，藻場） 景観（自然景観・人工景観）
	安全・防災	高潮・波浪 洪水 地震・津波 海岸侵食
	開発・利用	交通（港湾，漁港，空港） 資源・エネルギー（波・潮汐・潮流・温度差エネルギー，石油・鉱物資源） 水産業（漁場，養殖場） 工業（工場，発電所，エネルギー備蓄） 商業・都市（オフィス，住宅） レクリエーション（海水浴，潮干狩，釣り，散策，観光見物，サーフィン，ヨット・ボート，キャンプ，サイクリング） 空間（廃棄物・建設残土・浚渫土砂処理）

■神戸港ポートアイランド（手前）と六甲アイランド（奥）*)

2・1　海の利用と海洋法

　海を利用することは，昔から人間がある時は望んで，ある時は必要にせまられ，行ってきた．それは漁業であったり，舟運であったり，遊びであったり，時には戦争であることもあった．科学技術の進歩とともにその利用は次第に外洋へ，そして深海へと向かった．このような情勢となれば，強い海上戦力をもつ大国のみが，世界中の大洋を独占的に利用し，その資源を獲得することになりかねない．第2次世界大戦直後の1945年に結成された国際連合は，重点的な課題の一つとして地球上の海洋の利用について取り上げ，加盟国の合意形成に努めた．「海洋法に関する国際連合条約」は1982年4月に，国連総会決議として採択され，反対国とのその後の長い交渉を経て，60カ国が批准した1994年11月に発効した．我が国では，1996年6月に国会で承認され，同年7月20日に発効した．以降，7月20日は「海の日」という祝日となった経緯がある**)．

＊）1999年6月撮影，神戸市提供．
＊＊）2003年以降は7月第3月曜日となった．

海洋法の骨子は下のとおりである[1]．
(1) 各国の領海は陸から 12 海浬*以内とする．
(2) 各国の排他的経済水域は 200 海浬以内とする．
(3) その他の海域は公海とし，人類共通の財産とする．

最後の(3)が，海洋は基本的に世界の共通のものであるとの精神を示している．我が国の領海と暫定的な排他的経済水域は図 2·1 のようになっている．

日本の 200 海浬水域面積は 447 km^2 とされ[2]，これはアメリカ合衆国(762)，オーストラリア (701)，インドネシア (541)，ニュージーランド (483)，カナダ (470) に次ぐ世界第 6 位の面積（km^2）である．

図 2·1 日本の排他的経済水域（1999 年の新日韓漁業協定による）

*) 1 海浬 = 1852 m

16　2章　海の利用

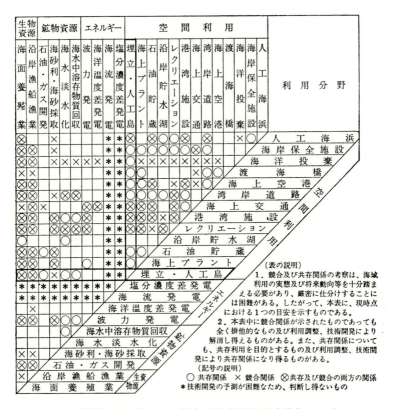

図 2・2　海洋利用に予想される競合関係（海洋開発審議会，1979）

さて今日の海の利用に関する要求は，多種多様である．そのため，複数の利用は競合し，互いに共存できない場合も生ずる．図 2・2 は海洋利用に予想される競合の関係を示した図である．

2・2　海運と港

　船による物や人の輸送は，川に次いで波が穏やかな内海での歴史が古い．ヨーロッパでは地中海で，また日本では瀬戸内海沿岸で発達した．その後，船の動力源として石炭を使用した蒸気船，さらに石油を用いた内燃機関に変わり，遠くまで速く，安全に航海ができるようになった．今日では，時速 70 km 級

の高速船の就航も計画がある．海上運送の効率化は近年になってさらに進み，船舶の大型化，貨物の大きさや形状の標準化，フェリーボート（ferry boat）による海陸一貫輸送などによって輸送時間の短縮と輸送コストの低減が図られてきた．

港は船で運ばれてきた旅客や貨物を陸に揚げ，自動車や列車などの陸上交通機関に移し替える，あるいはまたその逆に陸上交通機関で運ばれた貨物などを船に移すところである．一般に交通手段の転換がなされる場所はターミナル（terminal）とよばれるので，港は海陸交通のターミナルといわれる．

2・1節に示したように海や海岸を利用する目的や方法はさまざまである．港もまた種々の見地からの分類がなされる．

(1) 利用目的による港の種類
- (a) 商業港（流通港）
- (b) 工業港
- (c) 漁　港
- (d) 観光・レクリエーション港
- (e) その他

(2) 港の位置による種類
- (a) 沿岸港
- (b) 河口港
- (c) 河　港
- (d) 湖　港

(3) 港の建設方法による種類
- (a) 自然（の地形を利用した）港
- (b) 人工港：埋立港，掘込港．

(4) 法律上の港の種類
- (a) 港湾法に従う港：特定重要港湾，重要港湾，地方港湾，避難港．
- (b) 漁港法に従う港：第1種漁港，第2種漁港，第3種漁港，特定第3種漁港，第4種漁港．

港は本来，誰でも利用できる公共施設の一つであるが，海上工事が主であるため，多額の費用が必要となる．そのため港の計画は十分な調査研究をして立案される必要がある．また港の建設は，周辺の自然環境を変化させることになるから，変化をできる限り小さくする配慮が必要である．

18 2章 海の利用

図 2・3 函館港の全景

図 2・4 コンテナ基地（香港）

2·3 臨海型産業

　港を中心とした海岸地帯は，海陸交通の便利が良いところであるから，産業が立地するのに好条件を備えた地域である．港や海岸に近い地域に工場があると，輸送費を低減できる利点がある．我が国の場合は，工業用原材料やエネルギー源を海外から輸入し，それを加工した製品を輸出することが工業の主体となっているので産業が臨海地帯に立地する場合が多い．また廃棄物，廃水を処理しやすい場所として，臨海地帯が利用されていた時期もあった．

　臨海に多く立地する産業の種類としては，下のようなものがある．

(a) 製鉄・製錬：鉄鋼，アルミニウム，ニッケル，マンガンなど．

(b) 重工業：重機械，造船，橋梁，鉄塔，石油リグ，海洋構造物など．

(c) 化学工業：石油精製，ソーダ，ゴム，ガラス，レーヨン，肥料など．

(d) 木材工業：製材，建材，パルプなど．

(e) 食品産業：製粉，水産加工業，飼料加工業など．

(f) マリンスポーツ：ヨット，ボート，ダイビング器具，遊漁船など．

(g) その他：海上空港，エネルギー貯蔵，廃棄物再利用など．

2·4 漁　業 (捕ることから育てることへ)

　古来，海は人間にとって魚，貝および海藻を恵んでくれる貴重な食糧庫であった．世界人口の急増傾向は，蛋白（たんぱく）質を水産動植物に依存する度合を強くしている．このため各国とも自国の沿岸域のみならず，沖合や遠洋での漁業生産に拡大してきた．四面を海に囲まれ，多様な海流系がもたらす豊富な魚種が蝟集する海域をもつ我が国は，食糧としての「海の幸」は陸上食糧の「山の幸」と同等に重要視されていたといえる．日本人の嗜好する良質な魚種獲得のため，遠洋漁業にも早くから取り組んだ．

　図2·5は最近40年間の我が国の漁業生産量の推移を示したものである．これを見ると，沿岸漁業の生産はほぼ一定であった．しかし遠洋漁業は，資源保護のため諸外国が漁獲規制を行うようになった1975年頃から減少し，また沖合漁業も過度の生産増による，資源の減少から1985年をピークに急減している．海域ごとには，海水が貧栄養性である，日本海の資源の減少が著しい．

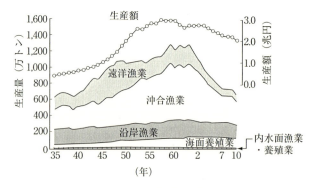

図 2・5　漁業部門別生産量の推移[3]

図 2・6　瀬戸内海のカキ養殖場

　漁業を取り巻くこうした状況から，近年，我が国は従来から一部で行われていた沿岸域で栽培，育成する養殖漁業（以下，栽培漁業という）を積極的に推進させている（図 2・6）．これにより，遠洋や沖合での生産減の一部を補うことができた．栽培漁業を行う場合の課題は，海水の汚染や生態系への影響の防止である[4]．

　栽培漁業は他の諸国でも行われており，特に開発途上国で先進国への輸出のために行っているものが多い．東南アジアの諸国は我が国向けのエビの栽培が

盛んであり，その栽培地として干潟やマングローブ林が開拓される．広い干潟やマングローブ林が失われることになれば，熱帯雨林の畑地への転用と同様に，熱帯ひいては地球の環境保全にとって痛手となる．栽培漁業は事前の十分な調査研究のもとに，環境汚染をもたらすことがないように，環境の保全と両立するように行われる必要がある[5]．

2·5　都市と海

　大都市は海を必要とする．日本の場合でも東京，大阪，横浜，名古屋の四大都市は例外なく海に面している．外国でも多くの大都市は海辺にあるし，そうでない大都市は大河川や運河で海と連絡している．その理由として次のようなことが考えられる．

(1) 大量の物資を消費する都市では，それを安価に輸送する手段として海が必要である．

(2) 臨海型工業は大量の労働力を必要とする第二次産業が主であり，それによって人口の多い都市が形成される．

(3) 都市は広い公共的空間を必要とするが，海岸を有する都市では海の多様な利用性を活用して，それに対応できるし，また可能ならば埋立などで土地の造成が安価にできる．

上記の(3)に関連した公共的な空間利用としては下のようなものがある．

(a) 工場，オフィス，住居などの都市空間を海域まで拡張して利用する（本章口絵写真）．

(b) 生活および産業廃棄物，下水などの最終的な処分場の場としての利用，

(c) 海水浴場，ヨット・ボート，サーフィンなどレクリエーションのための利用（1章口絵写真）．

2·6　海洋資源と海洋エネルギーの利用

　21世紀も世界の人口は増加するので，食糧に限らず鉱物資源やエネルギーが不足することは避けられない．このため沿岸海域だけではなく，沖合の海洋から資源やエネルギーを取得し，利用することが必要となってきている．表2·1に2·4節で述べた生物資源を除く海洋資源，また表2·2に海洋エネルギー

の種類を示した．海底鉱物のうち石油，石炭，天然ガスなど化石燃料と呼ばれるものは，陸上の資源が枯渇してきたので，今日では世界各地の沿岸域で採掘されており，水深数百 m の海底油田で採掘されている例がある．我が国では，過去には新潟や秋田沖で海底油田採掘がなされたが，近年は中止されている．日本の周辺海域ではロシアのサハリン（樺太）東岸のオホーツク海で石油と天然ガスの採掘が，1999 年より開始した．

　海洋エネルギーについては，潮汐エネルギーの利用は既にフランスを始め数カ国で実施しており，潮汐の干満の水位差（潮差という）が大きい海岸では利用が進む．潮汐発電は潮差による位置エネルギーを利用する発電で，満潮時に海水を潮池に導入した後，水門を閉じ，干潮時に潮池に貯まった水を海に放出して発電する（図 2·7）．これに対して海流や潮流のもつ運動エネルギーを吸収し，利用しようとするのが海流・潮流発電であるが，海中に装置を設置するのが困難で，いまだ実用化していない．波浪エネルギーは 3 章で記述されるが，位置エネルギーと運動エネルギーが 1/2 ずつであり，エネルギーを効率的に吸収するには，装置に工夫が必要である．図 2·8 (a) は波による浮体の上下動によって浮体内の空気圧変動を導き，それにより空気流を発生させ，タービンを回して発電する．港内外の航路標識ブイの灯源として用いられている．(b)

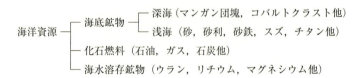

表 2·1　海洋資源の種類

表 2·2　海洋エネルギーの種類

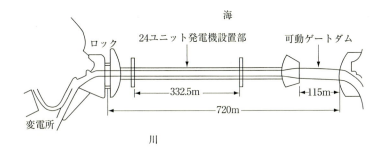

図 2·7　フランス，ランス潮汐発電所[6]

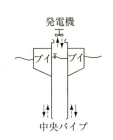

(a)　益田式航路標識ブイ

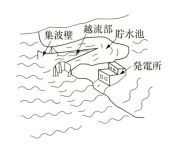

(b)　タプチャン（ノルウェイ）

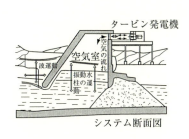

(c)　LIMPET（イギリス）

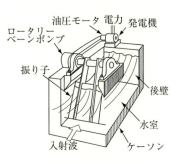

(d)　振り子式（室蘭工大）

図 2·8　波浪発電システムの主要な例

は波のうち上げを集波壁で収れんさせて貯水池に越流させ，そこからは水力発電の原理で発電するもの．(c) の沿岸に固定された空気タービンによる波浪発電は，小規模ではあるがイギリスの離島で 2000 年に実用化した．(d) は水室内に定常波を発生させて，それからエネルギーを取り出す形式であり，現地実験で高い効率が得られている[7]．

演 習 問 題

1．君の知っている海岸について，それが現在どのように利用されていて，どのような問題があるかを調べ，また将来どのように利用すべきかを述べよ．
2．日本の港が古代から今日までどのように発展してきたかを概略的に述べよ．
3．栽培漁業が成立するための諸条件をいくつか挙げてその理由を述べよ．
4．海洋エネルギーを取得した後に，それをどのように使用すべきか，沿岸と沖合の場合についてそれぞれ考察せよ．

海の波 3

■北海道室蘭市イタンキ海岸*⁾

3・1 波の発生と起源

　海に打ち寄せる波は，さざ波のような周期が0.1秒程度の短い周期のものから，数秒から10数秒程度の，いわゆる波浪と呼ばれるもの，さらには潮汐現象に見られるように12時間，24時間程度の波もある．この他，津波のように数分から数10分程度の周期を示すものもある．

　図3・1はキンズマン（Kinsman）が示した周波数（波の周期の逆数）による波の分類で，縦軸は波のエネルギーを示したものである．また図中には，波の名称，主要な発生力それに復元力が示されている．10 Hz より大きい表面張力波（capillary wave）は復元力が水面の表面張力で，実海域では風が発生の要因となっている．この波は毛管波ともよばれ，波の発生・発達過程の発生段階で重要な役割を果たす．また，0.03〜1.0 Hz の波は重力波と呼ばれるもので，これは我々が海岸で見る波浪の主たるものであり，風によって発達したもので

---

*）太平洋に面して市街に近接するイタンキ海岸は，長周期のうねりが多く，サーフィン・スポットとしても知られている（北海道提供）．

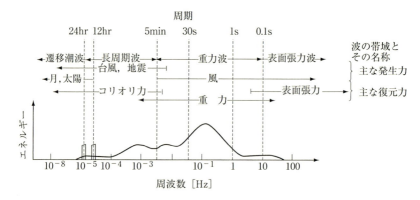

図3・1 周波数による海の波の分類 (Kinsman)[1]

復元力は重力である．

　海岸保全施設や防波堤などの港湾構造物，それに石油掘削施設などの海洋構造物の設計に際しては，この波が主要な外力のもととなるもので，その工学的性質を知ることは非常に重要である．また，この重力波のうち 0.05 Hz より低周波側の波は，うねり (swell) と呼ばれていて，波の発生域から離れた所で観測されるもので，台風などの来襲の前後にみられる．また，主に海底地震や海底火山の爆発等で発生する津波 (tsunami) は長周期波でその復元力は重力である．この他，太陽や月の引力とコリオリ力によって起こる潮汐も海の波の一つである．

　このように実際の海の波は発生力や復元力の異なる波が共存していることになっている．また，エネルギーの分布から明らかなように 0.03〜1.0 Hz の重力波が最も大きなエネルギーを示している．

3・2　波の分類と諸元

　前節で波の周期によって実際の波を分類したが，この他にも種々の分類法がある．その一つが水粒子の運動によって分けるもので，回転波と非回転波である．

　図3・2において，水粒子の運動が (a) の状態が非回転波，(b) の状態が回転波の波である．これは波動運動を解く時に非常に重要であるが，実際の波においては，海底近傍や波表面の極近傍，それに砕波点近傍を除けば，非回転運

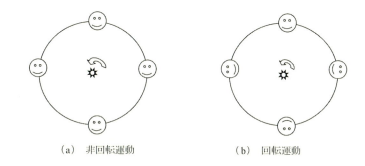

(a) 非回転運動　　　(b) 回転運動

図 3・2　水粒子の非回転運動と回転運動

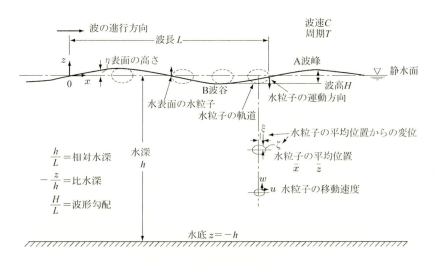

図 3・3　水の波の座標系と用語

動である．これは，波を理論的に取り扱う場合に非常に重要となってくる．
　この他，波の進行方向によっても分類される．一定方向に進んでいく波を進行波，防波堤のような垂直で剛な壁によって反射した波と進行波が重なり合った波を重複波とか定常波という．また，波の基本方程式を解く時の境界条件などによっても分類できるし，また実験水槽内で起こす正弦波のような同一の周期と波高をもった波の連なりを規則波，実際の海岸で観測される重力波のように1波1波，波高も周期も異なっている波の連なりを不規則波という．
　次に，この規則的な波について説明する．図 3・3 に規則波の空間形状を示す．平均水面に座標の原点をとり，波の進行方向に x 軸，鉛直方向に z 軸をとる．

波面の形状を η とする時，これを波形（wave profile）という．また水位の一番高い A 点を波頂（wave crest），一番低い B 点を波谷（wave trough）という．また，波頂から次の波頂あるいは波谷から次の波谷までの距離を波長（wave length）といい L で表す．また，ある空間上の固定点から波を見る時，波頂部が通過し，次の波頂が通過するまでの時間を波の周期（wave period）といい，T で示す．また波谷から波頂までの鉛直距離を波高（wave height）という．また，水面から波頂までの鉛直距離 η_c を波頂高（wave crest height）という．図中の h は水深（wave depth）である．また波の水平方向への移動速度 C を波速（wave velocity, phase velocity, wave celerity）といい，波速と波長それに周期の関係は $C = L/T$ で示される．また波の水粒子の水平および鉛直方向の速度成分をそれぞれ u, w で示す．波動理論においては波数（wave number）k や角速度（angular velocity）σ を用いると便利で，それらはそれぞれ $k = 2\pi/L$, $\sigma = 2\pi/T$ で表される．これらの関係を用いると波速 C は $C = \sigma/k$ となる．また，波の性質や特徴を示す場合 H/L や h/L が用いられるが，それらは，それぞれ波形勾配（steepness），相対水深（relative depth）と呼ばれる．

3·3 線形波動理論

この波動理論は微小振幅浅水波理論ともよばれ，一番基本的な水の波の波動理論で，最初にエアリー（Airy）により導かれたため，エアリー波とも呼ばれている．まず速度ポテンシャル ϕ を次式で定義する．

$$u = -\frac{\partial \phi}{\partial x}, \qquad w = -\frac{\partial \phi}{\partial z} \qquad (3\cdot1)$$

これは，前述したように波の水粒子運動が非回転であることから，渦度がゼロとなる．水平，鉛直方向の速度成分を上式のように定義すると自動的に渦度がゼロとなり，条件が一つ減ることにもなり，理論を解く上で有効となる．

上述の速度ポテンシャル ϕ を用いて，連続の式とオイラーの運動方程式 を表示すると次の式 (3·2)，(3·3) を得る．

$$\frac{\partial^2 \phi}{\partial x^2} + \frac{\partial^2 \phi}{\partial z^2} = 0 \qquad (3\cdot2)$$

$$\frac{p}{\rho} = \frac{\partial \phi}{\partial t} - gz - \frac{1}{2}\left\{\left(\frac{\partial \phi}{\partial x}\right)^2 + \left(\frac{\partial \phi}{\partial z}\right)^2\right\} \tag{3·3}$$

ここで，p は圧力，ρ は流体の密度，$\partial \phi / \partial t$ は動水圧項を意味する．波の表面では圧力 p はゼロで，波高等が小さく，運動が微小であると仮定し，速度の2乗の項を無視すると，次の2式を得る．

$$p|_{z=\eta} = 0 \tag{3·4}$$

$$\left(\frac{\partial \phi}{\partial t}\right)_{z=\eta} = g\eta \tag{3·5}$$

また，波の表面条件を考えると，波の表面は同じ流質によって形成される．すなわち波の表面においては，表面の水粒子は，はがれることがないから次式を得る．

$$w|_{z=\eta} = \left(\frac{\partial \eta}{\partial t} + u\frac{\partial \eta}{\partial x}\right)_{z=\eta} \tag{3·6}$$

線形理論ということで，上式の $u \cdot \partial \eta / \partial x$ は2次の微小項として無視すると，上式は次式のように単純化される．

$$\left(\frac{\partial \eta}{\partial t}\right)_{z=\eta} = -\left(\frac{\partial \phi}{\partial z}\right)_{z=\eta} \tag{3·7}$$

式 (3·5) の両辺を時間 t で偏微分した式と式 (3·7) より，η の微分項が消去できて，次式を得る．

$$\left(\frac{\partial^2 \phi}{\partial t^2}\right)_{z=\eta} = -g\left(\frac{\partial \phi}{\partial z}\right)_{z=\eta} \tag{3·8}$$

上式の式 (3·5)，(3·7) それに式 (3·8) をより簡略化することを考える．たとえば，式 (3·5) の $(\partial \phi / \partial t)_{z=\eta}$，式 (3·8) の $(\partial \phi / \partial z)_{z=\eta}$ の項に対して，$z=0$ のまわりでテーラー展開すると次式を得る．

$$\left(\frac{\partial \phi}{\partial t}\right)_{z=\eta} = \left(\frac{\partial \phi}{\partial t}\right)_{z=0} + \left\{\frac{\partial}{\partial z}\left(\frac{\partial \phi}{\partial t}\right)\right\}_{z=0} \cdot \eta + \frac{1}{2}\left\{\frac{\partial^2}{\partial z^2}\left(\frac{\partial \phi}{\partial t}\right)\right\}_{z=0} \cdot \eta^2 + \cdots \tag{3·9}$$

$$\left(\frac{\partial \phi}{\partial z}\right)_{z=\eta} = \left(\frac{\partial \phi}{\partial z}\right)_{z=0} + \left\{\frac{\partial}{\partial z}\left(\frac{\partial \phi}{\partial z}\right)\right\}_{z=0} \cdot \eta + \frac{1}{2}\left\{\frac{\partial^2}{\partial z^2}\left(\frac{\partial \phi}{\partial z}\right)\right\}_{z=0} \cdot \eta^2 + \cdots \tag{3·10}$$

このようにテーラー展開したものの第1項のみをとり，他を微小項とすると，式 (3·8)，(3·7) それに式 (3·5) は次式のように簡略化される．

30 3章 海 の 波

$$\left(\frac{\partial^2 \phi}{\partial t^2}\right)_{z=0} = -g\left(\frac{\partial \phi}{\partial z}\right)_{z=0} \tag{3·11}$$

$$\left(\frac{\partial \eta}{\partial t}\right)_{z=0} = -\left(\frac{\partial \phi}{\partial z}\right)_{z=0} \tag{3·12}$$

$$\eta = \frac{1}{g}\left(\frac{\partial \phi}{\partial t}\right)_{z=0} \tag{3·13}$$

線形理論の解の誘導にあたっては，波表面 η をゼロと近似的に取り扱うことにし，式（3·11），（3·12）それに式（3·13）の3式を用いて解くことになる．式（3·11）から波速，式（3·13）から波形が求められる．ここで，速度ポテンシャル ϕ を次式のように仮定する．これは変数分離形である．

$$\phi = -Y(z)\cdot\cos(kx-\sigma t) \tag{3·14}$$

ここで，k および σ は波数と角速度を示す．式（3·14）の $\cos(kx-\sigma t)$ は $\sin(kx-\sigma t)$ でもかまわないし，$-$記号は$+$でも良い．式（3·2）のラプラスの式を満足するような形を選べば良い．式（3·14）を式（3·2）に代入すると次式が得られる．

$$Y''(z) - k^2 Y(z) = 0 \tag{3·15}$$

これは定数係数の線形微分方程式で，2階斉次方程式である．ここで $Y(z) = e^{\lambda z}$ とおくと，式（3·15）より $\lambda^2 = k^2$ となり $\lambda = \pm k$ となる．

よって，$Y(z)$ の一般解は次式で示される．

$$Y(z) = Ae^{kz} + Be^{-kz} \tag{3·16}$$

よって式（3·14）より，速度ポテンシャル ϕ は次式で示される．

$$\phi = -(Ae^{kz} + Be^{-kz})\cos(kx-\sigma t) \tag{3·17}$$

ここで，表面条件と水底条件を用いることにより，式（3·17）の積分定数 A，B が決定でき，ϕ が求まることになる．水底が水平であるから，水底での鉛直方向の速度成分はゼロとなることから $(\partial\phi/\partial z)_{z=-h} = 0$ となる．この式に式（3·17）を代入することにより次式を得る．

$$Ae^{-kh} = Be^{kh} = -\frac{C_1}{2}, \quad A = -\frac{C_1}{2}e^{kh}, \quad B = -\frac{C_1}{2}e^{-kh} \tag{3·18}$$

ここで，未知数 A，B が一つの未知数 C_1 になった．式（3·18）を式（3·17）に代入すると速度ポテンシャル ϕ は次式で示される．

$$\phi = C_1\cosh k(h+z)\cos(kx-\sigma t) \tag{3·19}$$

この式（3·19）を式（3·11）に代入することにより，次の分散関係式が得られ

る.

$$\sigma^2 = gk \tanh kh \tag{3·20}$$

$(\sigma/k) = (L/T) = C$ であることから次式が得られる.

$$C = \sqrt{\frac{g}{k} \tanh kh} \tag{3·21}$$

$$L = \frac{gT^2}{2\pi} \tanh \frac{2\pi h}{L} \tag{3·22}$$

式 (3·21) は，波速の式である．次に式 (3·19) の C_1 を決定する．ここで波形を次式のように正弦波と仮定する．

$$\eta = \frac{H}{2} \sin(kx - \sigma t) \tag{3·23}$$

この式 (3·23) と式 (3·19) を式 (3·13) に代入することにより，C_1 が求められる.

$$C_1 = \frac{gH}{2\sigma} \frac{1}{\cosh kh} \tag{3·24}$$

よって，速度ポテンシャル ϕ が決定されたことになる.

$$\phi = \frac{gH}{2\sigma} \frac{\cosh k(h+z)}{\cosh kh} \cos(kx - \sigma t) \tag{3·25}$$

式 (3·25) を式 (3·1) に代入することにより，水平および鉛直方向流速 u と w は次式で示される.

$$u = -\frac{\partial \phi}{\partial x} = \frac{Hgk}{2\sigma} \frac{\cosh k(h+z)}{\cosh kh} \sin(kx - \sigma t) \tag{3·26}$$

$$w = -\frac{\partial \phi}{\partial z} = -\frac{Hgk}{2\sigma} \frac{\sinh k(h+z)}{\cosh kh} \cos(kx - \sigma t) \tag{3·27}$$

ここで水平流速 u と波形 η の関係を調べると，式 (3·23) と式 (3·26) より次式を得る.

$$\frac{u}{\eta} = \frac{gk}{\sigma} \frac{\cosh k(h+z)}{\cosh kh} > 0 \tag{3·28}$$

式 (3·28) は z に関係なく常に正となることから，$\eta > 0$ のとき $u > 0$ あるいは，$\eta < 0$ のとき $u < 0$ となる．つまり，波面が静止水面より上に出ている波峰部では水粒子は波の進行方向と同じ方向に移動し，逆に波谷領域では水粒子は，波の進行方向と逆向きに動くことになる.

3·4 線形波動理論の性質

以上述べてきた理論は線形波動理論の浅水波理論とよばれている．この浅水波理論の一般的な性質について述べることにする．まず，この波の水粒子の運動軌跡を調べてみる．水粒子の静止の位置の座標を $(\bar{x}, \bar{z})$，運動中のこの点からの変化量（変位）を (ξ, ζ) とすれば，変位は次式で示される．

$$\left.\begin{array}{l} x = \bar{x} + \xi \\ z = \bar{z} + \zeta \end{array}\right\} \tag{3·29}$$

また，流速成分 u, w は次式で示される．

$$u = \frac{dx}{dt} = \frac{d\xi}{dt}, \qquad w = \frac{dz}{dt} = \frac{d\zeta}{dt} \tag{3·30}$$

式（3·30）と式（3·26），（3·27）より，ξ と ζ は式（3·31），（3·32）のようになる．

$$\xi = \frac{H}{2} \frac{\cosh k(h+z)}{\sinh kh} \cos(kx - \sigma t) \tag{3·31}$$

$$\zeta = \frac{H}{2} \frac{\sinh k(h+z)}{\sinh kh} \sin(kx - \sigma t) \tag{3·32}$$

$\cos^2(kx - \sigma t) + \sin^2(kx - \sigma t) = 1$ の関係より，$(kx - \sigma t)$ を消去することにより水粒子の軌道式は次式のように求められる．

$$\frac{\xi^2}{\left\{\dfrac{H}{2} \dfrac{\cosh k(h+z)}{\sinh kh}\right\}^2} + \frac{\zeta^2}{\left\{\dfrac{H}{2} \dfrac{\sinh k(h+z)}{\sinh kh}\right\}^2} = 1 \tag{3·33}$$

式（3·33）は楕円の式であり，水粒子は図3·3に示すような楕円軌道を描くことになる．この軌道の長軸，短軸および焦点間の距離は次式でそれぞれ示される．

長軸 $\quad H \dfrac{\cosh k(h+z)}{\sinh kh}$ $\tag{3·34}$

短軸 $\quad H \dfrac{\sinh k(h+z)}{\sinh kh}$ $\tag{3·35}$

焦点間の距離 $\quad \dfrac{H}{\sinh kh}$ $\tag{3·36}$

焦点間の距離は，水底 $(z = -h)$ で長軸の長さと一致することになる．また，

3·4 線形波動理論の性質 **33**

式 (3·33) より，水面近くでは長軸と短軸は比較的近く，水底に近いほど，偏平な楕円運動をすることになる．次に浅水波中の水圧の式を求める式 (3·3) の速度の 2 乗の項を無視すると次式を得る．

$$\frac{p}{\rho} = \frac{\partial \phi}{\partial t} - gz \tag{3·37}$$

上式の右辺第 1 項は動水圧，第 2 項は静水圧を示している．この式に式 (3·25) を代入することにより次式を得る．

$$\frac{p}{\rho g} = \frac{H}{2} \frac{\cosh k(h+z)}{\cosh kh} \sin(kx - \sigma t) - z \tag{3·38}$$

この式 (3·38) に波形の式 (3·23) を代入すると次式を得る．

$$\frac{p}{\rho g} = \frac{\cosh k(h+z)}{\cosh kh} \eta - z \tag{3·39}$$

この式は圧力式波高計の基本式で，水深 h の海域で z の位置に設置された圧力計から得られる圧力の時系列から波の周期を決定し，水深と周期より波長を計算し，得られた圧力を用いることにより波高が計算されることになる．

■**例題3·1**■ 水深 6 m 地点における周期 12.8 秒，波長 96 m，波高 3.6 m の進行波につき，下の値を求めよ．

(1) 静水面における水平方向の最大水粒子速度 (2) 静水面下 3 m の水粒子の平均位置からの水平方向最大変位 (3) 海底の最大圧力

［解］ $h = 6$ m，$T = 12.8$ s，$L = 96$ m，$H = 3.6$ m であるから，
$k = 2\pi/L = 0.065$，$kh = 2\pi h/L = 0.393$ などが得られる．

(1) 静水面の水平水粒子速度の最大値は式 (3·26) において，$z = 0$，$\sin\theta = 1$ とおいて

$$[u_{\max}]_{z=0} = \frac{gHT}{2L}$$
$$= 9.8 \times 3.6 \times 12.8 / (2 \times 96) = 2.35 \text{ m/s} \qquad ①$$

(2) 静水面下 3 m の水粒子の水平方向変位は式 (3·31) で $z = -3$ m とおいて，同様に

$$[\xi_{\max}]_{z=-3} = (H/2)\cosh k(h-3)/\sinh kh = 4.59 \text{ m} \qquad ②$$

(3) 水底の圧力は式 (3·39) において，$\rho g = w_0$，$z = -h = -6$ m として，同様に

$$[p_{\max}]_{z=-6} = [(w_0 H/2)\{\cosh k(h-3)/\cosh kh\} + w_0 h] \qquad ③$$

34 3章 海 の 波

ここで海水の単位重量は $w_0 = 1.03\ \text{tf/m}^3\,(= 10.1\ \text{kN/m}^3)$ であるから

$$[p_{\max}]_{z=-6} = 1.03\,[(3.6/2)\,(1/1.1) + 6] = 7.8\ \text{tf/m}^2$$

次にエネルギーを計算する．エネルギーは位置のエネルギー E_p と運動のエネルギー E_K の和として表される．質点系の力学によると全エネルギー E_T は次式で示される．

$$E_T = mgz + \frac{1}{2}mV^2 \tag{3·40}$$

ここで，m は質量，V は速度である．体積を Q とすると質量 m は ρQ となる．この関係を式 (3·40) に代入すると次式を得る．

$$E_T = \rho g Q z + \frac{1}{2}\rho Q V^2 \tag{3·41}$$

波動においてもエネルギーは上式で求められる．1波長，単位幅当たりの位置のエネルギーは次式で示される．

$$\begin{aligned}
E_p &= \rho g Q z = \rho g \int_0^L \int_0^\eta dx\,dz\,z \\
&= \rho g \int_0^L dx \int_0^\eta z\,dz = \rho g \int_0^L \frac{\eta^2}{2}dx
\end{aligned} \tag{3·42}$$

上式に式 (3·23) を代入することにより E_p は次式となる．

$$E_p = \frac{\rho g H^2 L}{8} \tag{3·43}$$

次に運動のエネルギー E_K を計算する．

$$E_K = \frac{1}{2}\rho Q V^2 = \frac{1}{2}\rho \int_0^L \int_{-h}^\eta dx\,dz\,(u^2 + w^2) \tag{3·44}$$

ここで，u，w に式 (3·26)，(3·27) を用い，$\eta \doteqdot 0$ として積分すると，E_K は次式で示される．

$$E_K = \frac{\rho g H^2 L}{16} \tag{3·45}$$

単位幅，一波長当たりの位置のエネルギーと運動のエネルギーは同一の値となり，全エネルギー E_T は次式で示される．

$$E_T = E_p + E_K = \frac{\rho g H^2 L}{8} \tag{3·46}$$

また，単位面積当たりの波の持つ全エネルギー E_t は次式で示される．

3·4 線形波動理論の性質 **35**

$$E_t = \frac{\rho g H^2}{8} \tag{3·47}$$

以上，線形波動理論の浅水波（微小振幅浅水波理論）の性質について調べたが，この波は，ある条件下では，より簡略化されることになる．まず水深が波長に比べて大きい場合については $h \gg L$ であるから，$kh = 2\pi h/L \gg 1$ となる．浅水波の場合の速度ポテンシャル ϕ，流速それに波速に含まれる双曲線関数において $kh \gg 1$ とすると各関数は以下のように簡略化される．

$$\left.\begin{array}{ll} \dfrac{\cosh k(h+z)}{\cosh kh} \rightarrow e^{kz}, & \dfrac{\sinh k(h+z)}{\cosh kh} \rightarrow e^{kz} \\[3mm] \dfrac{\cosh k(h+z)}{\sinh kh} \rightarrow e^{kz}, & \tanh kh \rightarrow 1.0 \end{array}\right\} \tag{3·48}$$

これらの関係を浅水波理論に代入すると以下のように示される．このような条件の波を深水波とよび，ここで添字 O をつける．

$$\phi_O = \frac{Hg}{2\sigma} e^{kz} \cos(kx - \sigma t) \tag{3·49}$$

$$u_O = \frac{Hgk}{2\sigma} e^{kz} \sin(kx - \sigma t) \tag{3·50}$$

$$w_O = -\frac{Hgk}{2\sigma} e^{kz} \cos(kx - \sigma t) \tag{3·51}$$

$$\frac{X_O^2}{\left(\dfrac{Hgk}{2\sigma^2} e^{kz}\right)^2} + \frac{Z_O^2}{\left(\dfrac{Hgk}{2\sigma^2} e^{kz}\right)^2} = 1 \tag{3·52}$$

$$C_O = \sqrt{\frac{g}{k}} = \sqrt{\frac{gL}{2\pi}} = \frac{gT}{2\pi} \tag{3·53}$$

この深水波においては，式(3·51)に示されるように，水粒子は円軌道を描く．また，波速は水深の影響を受けることなく，周期で一義的に決まることになる．次に水深に比べて波長が大きい場合，すなわち $L \gg h$，$kh \ll 1$ の場合を調べる．このような波を長波と呼ぶ．双曲線関数は以下のように簡略化される．

$$\left.\begin{array}{l} \dfrac{\cosh k(h+z)}{\cosh kh} \rightarrow 1, \quad \dfrac{\sinh k(h+z)}{\cosh kh} \rightarrow 0, \quad \dfrac{\sinh k(h+z)}{\sinh kh} \rightarrow 0 \\[3mm] \tanh kh \rightarrow kh, \quad \dfrac{\cosh k(h+z)}{\sinh kh} \rightarrow \dfrac{1}{kh}, \end{array}\right\} \tag{3·54}$$

この長波の場合については，添字 L をつけることにする．ϕ_L，u_L，w_L，C_L は次式で示される．

$$\phi_L = \frac{Hg}{2\sigma}\cos(kx-\sigma t) \tag{3.55}$$

$$u_L = \frac{Hgk}{2\sigma}\sin(kx-\sigma t) \tag{3.56}$$

$$w_L = 0 \tag{3.57}$$

$$C_L = \sqrt{gh} \tag{3.58}$$

線形波動理論はある条件下では深水波理論，長波理論として近似される．相対水深 h/L が大きくなると，深水波の波速は浅水波に一致し（$C_0 = C$），h/L が小さくなると長波の波速は浅水波に一致する．一般的に微小振幅深水波と長波の適用範囲は以下のようになる．

$$\left.\begin{array}{ll} 微小振幅深水波 & \dfrac{h}{L} \geqq \dfrac{1}{2} \\[6pt] 微小振幅長波 & \dfrac{h}{L} \leqq \dfrac{1}{25} \end{array}\right\} \tag{3.59}$$

図 3・4 に相対水深 h/L に対応した水粒子軌道をスケッチしている．また浅水波理論と深水波理論の波長比 L/L_0，波速比 C/C_0，および h/L_0 と h/L の関係は次式で示される．

$$\frac{L}{L_0} = \frac{C}{C_0} = \tanh kh$$

$$\frac{h}{L_0} = \left(\frac{h}{L}\right)\left(\frac{L}{L_0}\right) = \left(\frac{h}{L}\right)\tanh kh$$

ここで，L_0 は深水波領域における波長であり，$L_0 = gT^2/2\pi$ で求められる．

線形波動理論は，運動方程式の簡略化，境界条件における 2 次以降の無視といった具合に大胆に解かれたものではあるが，波形勾配が小さく，砕波点より

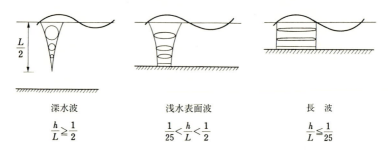

図 3・4 相対水深による水粒子軌道の変化[8]

3·5　非線形波動理論（有限振幅波）の性質　**37**

沖側であれば，かなりの精度で波の性質を明らかにすることができる．

3·5　非線形波動理論（有限振幅波）の性質

　この波動理論は式 (3·2), (3·3) を可能な限り厳密に解いた波動理論である．波動の表面条件を示す式 (3·6) において，右辺第 2 項を無視して解いた波をストークス波と呼び，右辺第 1 項を無視した有限振幅長波性の波をクノイド波と呼んでいる．これらの解法は厳密に解析的に解けないため逐次近似解法や摂動法によって解かれることになる．これら両理論とも定形進行波であり，これらの理論と前に述べた線形波動理論の適用範囲については波頂高と波速に関する適用範囲を岩垣[2]が示しているし，佐伯等[3]はストークス波の第 3 次近似理論の 2 次波の発生限界から，理論の適用範囲を次式のように示している．

$$\frac{HL^2}{h^3} \leqq 48 \tag{3·60}$$

これに対して Wilson 等[4]は衝撃で発生する波の実験から次のように適用範囲を求めている．

$$\left. \begin{array}{l} \dfrac{HL^2}{h^3} < 2 \text{ ならエアリー波やストークス波} \\[2mm] 2 < \dfrac{HL^2}{h^3} < 20 \text{ ならクノイド波} \end{array} \right\} \tag{3·61}$$

図 3·5 は岩垣 (1987)[3]による理論式の適用範囲のグラフである．同図中のパラメータ Π は合田[6]が提案した次式で定義される．

$$\Pi = \frac{H}{L}\coth^3\left(\frac{2\pi h}{L}\right) \tag{3·62}$$

ストークスの 3 次波の式は下のように表現される．

$$\begin{aligned} \eta &= a\cos\left(\frac{2\pi}{L}x - \frac{2\pi}{T}t\right) \\ &\quad + \frac{1}{2}\frac{\pi}{L}a^2\frac{\cosh 2\pi h/L\,(\cosh 4\pi h/L + 2)}{\sinh^3 2\pi h/L}\cos\left(\frac{4\pi}{L}x - \frac{4\pi}{T}t\right) \\ &\quad + \frac{3}{16}\left(\frac{\pi}{L}\right)^2 a^3\frac{8\cosh^6 2\pi h/L + 1}{\sinh^6 2\pi h/L}\cos\left(\frac{6\pi}{L}x - \frac{6\pi}{T}t\right) \end{aligned} \tag{3·63}$$

$$a = \frac{H}{2} - \frac{3}{128}\left(\frac{\pi}{L}\right)^2 H^3\frac{8\cosh^6 2\pi h/L + 1}{\sinh^6 2\pi h/L}$$

　これは第 3 次近似までとりあげたものである．右辺の初項のみとりあげたの

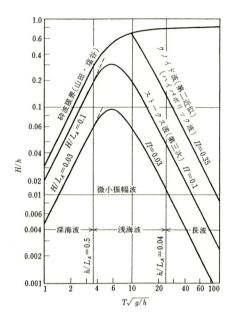

図3·5 波の理論の適用範囲[5]

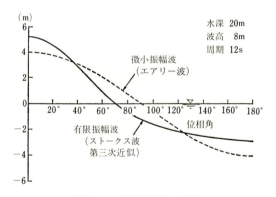

図3·6 有限振幅波の波形[7]

が微小振幅波理論の波形である．微小振幅波理論（Airy）の波形と比較すると図3·6のようである．

さきに述べた波に伴う水そのものの進行方向への移動を質量輸送というが，その速度 $\overline{U}$ を示す式は次のとおりである．

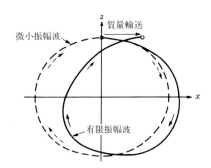

図3・7 有限振幅波の水粒子軌道

$$\overline{U} = \frac{\pi^2 H^2}{2LT} \frac{\cosh 4\pi(h+\overline{z})/L}{\sinh^2 2\pi h/L} \tag{3・64}$$

ここで $\overline{z}$ は水粒子の静止時の鉛直位置を示す．

この場合の水粒子の運動の様子は図3・7のようである．

3・6　海の波の性質

3・1節で述べたように，海の波の主な部分は海上を吹く風によって起こされている．風は速度や方向が場所的にも時間的にもまちまちであるから，発生する波もまた規模や進む方向が異なる．しかもある海面に現れる波は，沖合の他の海面から伝わって来たものであるから，きわめて複雑な現象である．このことから海の波は，不規則な波動として統計的に扱うことが必要となる．

(1) 波浪観測[8]

ある地点の波を観測することは水面の上下動を観測することになり，その方法は表3・1のように大別して，水面変動を直接観測する方法と水面変動にともなって変化する他の物理量を測定する間接観測法に大別される．いずれの場合にも海上もしくは海中，あるいは海底に計測装置を設置する必要がある．検出装置と検出量を記録する装置とを合わせて波高計（wave gage）という．現在，多く使用されているのは超音波式，加速度式，水圧式，ステップ式である．

波向の観測方法は，複数の波高計を組み合わせて測定されるのが原則である．

表 3・1 波浪観測法分類[8]

```
         ┌─ 光学的方法（標柱法（目測），実体写真法，スタジヤ式波高計）
直接観測法 ─┼─ 音響学的方法（水中発射型超音波式波高計，空中発射型超音波式波高計）
         └─ 電気的方法（ステップ式波高計，容量式波高計）

         ┌─ 気圧変化を利用する方法
間接観測法 ─┼─ 加速度を利用する方法（ブイ型加速度式波高計）
         └─ 水圧変化を利用する方法（摺動抵抗型波高計，
                               ストレーンゲージ型波高計，その他各種）
```

(2) 観測記録の整理[8]

波のある海面を連続的に観測した記録は複雑な形状をしている．これを出現した波の順に整理する．その際にごく小さい波は無視し，しかも整理者の個人差が少ない客観的な方法が採られる必要がある．そのため，次のようなゼロアップクロス（zero–up cross）法またはゼロダウンクロス（zero–down cross）法が用いられる．

図3・8のような波形の記録の上に平均海面の位置を示す直線を引く．この直線を海面が上昇するときに交わる交点をマークし，隣り合う交点間の長さ，すなわち時間を周期とする．一つの周期に属する山や谷のうち最も高い山の峰と最も低い谷の高低差を波高とする．これがゼロアップクロス法である．

ゼロダウンクロス法は，平均海面を海面が下降するときの交点について，同様に周期と波高を定義するものである．

一定の観測時間（通常約20分）について，こうして整理された個々の波の大きさ（周期，波高）を時系列で記録されたものが一組の観測データとなる．

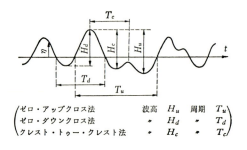

図 3・8 観測波のデータ処理[7]

(3) 各種の代表波と有義波

こうして得られた一組の観測データを，統計的な代表値で表す必要がある．まず波高に着目し，波高が最も大きい最大波（maximum wave，その波高，周期はそれぞれ H_{max}，T_{max} と表される），すべての波についての平均波高の平均波（mean wave，その波高，周期は H，T）は容易に求められる．

この他に全体の波の数から大きい方から順に並べ替えて，そのうちの上位から $1/n$ の波だけを対象にした平均波を求め，それを $1/n$ 最大波と定義し，その波高，周期をそれぞれ $H_{1/n}$，$T_{1/n}$ と表現する．この定義に従えば平均波は $n=1$，すなわち $1/1$ 最大波である．

海岸工学，海洋工学で最も用いられいるのが $n=3$，すなわち $1/3$ 最大波である．これはまた有義波（significant wave，その波高，周期は $H_{1/3}$，$T_{1/3}$）と呼ばれる．すなわち有義波とは，「1回の観測で得られた波全部を波高の大きい方から順に並べ，大きい方から数えて，全波数の $1/3$ の数までの波を取り出し，それらの波の波高の平均値を波高，それらの波の周期を周期とする仮想的な波をいう」．

有義波を用いることは，一定時間観測された不規則波を，有義波という単一の波で表現することを意味している．有義波は経験的に目視観測による代表波に近似するといわれている．

(4) 1回の観測データの統計的性質[9]

前出の20分間の観測データから，波高や周期の出現頻度を調べる．波高については平均波高を中心とする正規分布とは異なり，図3・9のような前傾した分布になることが知られている．この分布曲線はレーリー（Rayleigh）分布と呼ばれる数式で表現される．

平均波高 $\overline{H}$ で任意の波高 H を除した $H/\overline{H}$ について，レーリー分布の確率密度関数 $p(H/\overline{H})$ は下式で与えられる．

$$p\left(\frac{H}{\overline{H}}\right) = 2\pi\left(\frac{H}{\overline{H}}\right)\exp\left(-\frac{\pi}{4}\left(\frac{H}{\overline{H}}\right)^2\right) \tag{3・65}$$

H より大きい波高が出現する確率，すなわち超過確率は

$$P\left(\frac{H}{\overline{H}}\right) = 1 - \int_0^H p\left(\frac{H}{\overline{H}}\right)d\left(\frac{H}{\overline{H}}\right) = \exp\left(-\frac{\pi}{4}\left(\frac{H}{\overline{H}}\right)^2\right) \tag{3・66}$$

これらの式を用いて，代表波の関係が以下のように導かれる．

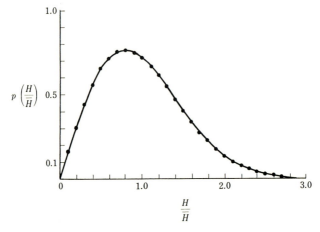

図 3·9 レーリー分布

$$H_{1/3} \fallingdotseq 1.6\overline{H} \tag{3·67}$$
$$H_{1/10} \fallingdotseq 2.03\overline{H} \fallingdotseq 1.27\ H_{1/3} \tag{3·68}$$
$$H_{max}/H_{1/3} \fallingdotseq 1.07\sqrt{\log_{10} N}\quad (N\ \text{が大きいとき},\ N:\text{波数}) \tag{3·69}$$
$$\fallingdotseq 1.53\ (N=100\ \text{のとき})$$
$$\fallingdotseq 1.86\ (N=1000\ \text{のとき})$$

(5) 長期間の統計的性質

　波は風によって起こされるので,海上の気象と密接に関係し,季節による影響も大きい.そのような波の変化を知るには最低でも1年間の継続的な観測を行い,統計的な処理をして特性を把握する必要がある.さらに海岸の施設や構造物の耐用年限は通常,30年以上とされている.その際の設計波を決めるには,さらに少なくとも10年以上の観測データが必要である.

　1年間の毎時観測データをもとに波高頻度図を作成すると,図3·10のようになり,正規分布とは異なっている.しかし横軸に対数目盛を採用すると図3·11のようにほぼ左右対称な分布に近づく.すなわち対数正規分布曲線で近似できる.さらに10年以上の長期間のデータについて整理しても,類似の分布が得られる.先のレーリー分布,そしてこの対数正規分布から一見,きわめて不規則な自然現象の代表のような海の波にも,法則性があることが認められて興味深いものがある.

3・6 海の波の性質 43

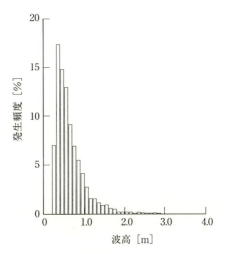

図3・10 年間波高発生頻度図の例（苫小牧港沖，2001）[10]

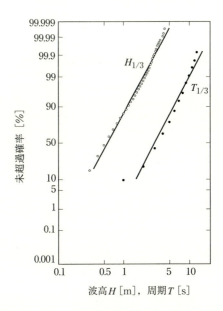

図3・11 確率紙による波高，周期の超過確率表示（苫小牧港沖，1994〜2001）[10]

44　3章　海　の　波

(6) 海の波のスペクトル

海面にはさまざまな波が重なり合って存在しているが，それがどのような波から構成されているか，知る必要がある．その場合，波の周波数あるいはその逆数の周期ごとのエネルギーの分布を表現するのがスペクトルである．表3·2はその典型的な例である．ここでは海の波のスペクトルについて簡略に記すが，詳しくは光易（1995）[11]を参照されたい．

これまでは一方向に進む波を対象にしてきたが，3次元的に取り扱う．図3·12のように海面に平面座標 x, y をとり，z を鉛直座標とすると，x 軸と θ の角度をなす x' 方向に進む斜め入射波の波形の式は，$x' = x\cos\theta + y\sin\theta$，であるから下式のように表される．

$$\eta(x, y) = a\sin(kx' - \sigma t) = a\sin(kx' - 2\pi ft)$$
$$= a\sin(kx\cos\theta + ky\sin\theta - 2\pi ft) \tag{3·70}$$

無数の波の重なり合いは，個々の波の振幅，波数，周波数ならびに位相をそれぞれ a_n, k_n, f_n, ε_n として，次式のように表現される．

$$\eta(x, y, t) = \sum_1^N a_n\sin(xk_n\cos\theta_n + yk_n\sin\theta_n - 2\pi f_n t + \varepsilon_n) \tag{3·71}$$

η の2乗平均が下式で表現されるとき

$$\overline{\eta^2} = \sum_1^N \frac{1}{2}a_n^2 = \int_0^\infty \int_{-\pi}^\pi S(f, \theta)d\theta df \tag{3·72}$$

$S(f, \theta)$ は方向スペクトルと呼ばれている．

海中の一点で測定された水位については

表3·2　各種周波数スペクトルの係数と平均波パワー $\overline{W}$ [kW/m][12]

スペクトルの名称	A	B	γ	$\overline{W}$ [kW/m]
Pierson–Moskowitz	$\dfrac{1}{4\pi}H_{1/3}^2\overline{T}_2^{-4}$	$\dfrac{1}{\pi}\overline{T}_2^{-4}$	1	$0.59H_{1/3}^2\overline{T}_2$
ISSC（国際船体構造会議）	$0.111H_{1/3}^2\overline{T}_1^{-4}$	$0.44\overline{T}_1^{-4}$	1	$0.545H_{1/3}^2\overline{T}_1$
Bretschneider－光易	$0.257H_{1/3}^2T_{1/3}^{-4}$	$1.03T_{1/3}^{-4}$	1	$0.441H_{1/3}^2T_{1/3}$
JONSWAP	$0.072H_{1/3}^2\overline{T}_1^{-4}$	$\dfrac{5}{4}T_p^{-4}$	3.3	$0.458H_{1/3}^2T_{1/3}$

注）　$\overline{T}_1 = \int_0^\infty S(f)df / \int_0^\infty fS(f)df$, $\overline{T}_2 = \sqrt{\int_0^\infty S(f)df / \int_0^\infty f^2 S(f)df}$

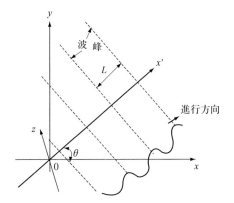

図 3·12 3 次元座標による斜め入射波表示

$$\eta(t) = \sum_{1}^{N} a_n \sin(-2\pi f_n t + \varepsilon_n) \tag{3·73}$$

となるから

$$\overline{\eta}^2 = \sum_{1}^{N} \frac{1}{2} a_n^2 = \int_0^\infty S(f) df \tag{3·74}$$

で定義される周波数スペクトル $S(f)$ が定まる.$S(f)$ については,種々の提案がある.形式的には次のように表現され,

$$S(f) = A f^{-5} \exp(-B f^{-4}) \gamma^{\exp\left\{-\frac{(f/f_p - 1)^2}{2\sigma^2}\right\}} \tag{3·75}$$

ここで係数 A,B の値はスペクトルの種類によって表 3·2 のようになる.また f_p は $S(f)$ を最大にする周波数,また σ は係数である.

不規則波の単位表面積当たりの平均の全エネルギー $\overline{E}$,単位峰幅当たりのパワー $\overline{W}$ は,$S(f)$ を用いると,下式のように表現される.

$$\overline{E} = \rho g \sum_{1}^{N} \frac{1}{2} a_n^2 = \rho g \int_0^\infty S(f) df \tag{3·76}$$

$$\overline{W} = \rho g \int_0^\infty S(f) c_g df \tag{3·77}$$

表 3·2 の右端に,式 (3·77) による海の不規則波の波パワー [kW/m] を示してある.

3・7　風による波の推定

波浪観測は時間と費用がかかる作業である．波は風によって発生するので，風から波の規模を推定しようとする試みは昔からなされていた[11]．

波の発生に関する物理機構まで研究し，実用化したのは 1940 年代以降である．第 2 次世界大戦では作戦目的で，海洋や海岸での波浪の推定の研究が集中的になされた．特に，1944 年のフランス・ノルマンディー（Normandie）海岸への連合軍の上陸作戦にその成果がいかんなく発揮された．

波浪推定法には，その際にスベルドラップ・ムンク・ブレットシュナイダー（Sverdrup–Munk–Bretschneider）により開発され，後にウイルソン（Wilson）が一部修正した有義波法（SMB 法），スペクトル法（PNJ 法）ならびに数値モデルによる三つの方法がある．ここでは SMB 法の要点について述べる．

波の規模を決定する風の 3 要因は，速度 U，吹送時間 t_r，吹送距離 F であ

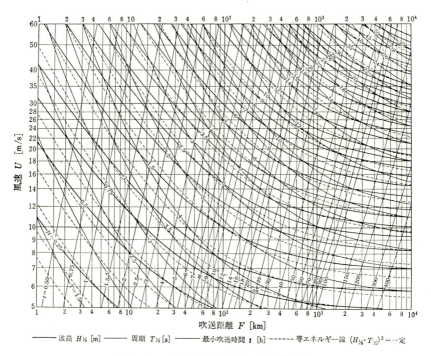

図 3・13　SMB 法による風波の予知曲線[2]

3·7 風による波の推定 **47**

る．図 3·13 は SMB 法による風波予知曲線で，U，F と最小吹送時間 t の関数として有義波の波高 $H_{1/3}$，周期 $T_{1/3}$ を表している．

(1)　次の (2) と (3) の U と F から，最小吹送時間 t を求める

(2)　$t_r > t$ のときは U と F から，$t_r < t$ の場合は U，t_r から求める（ただしこの場合は図の t を t_r と置き換えて）．より直接的には (U, F) と (U, t_r) で求まる二種の H のうちの小さい方を採用する．

(3)　U や F が変化するときは，等エネルギー線によって t_r を換算し直し，修正された t_r を用いて推定する．

次に例題を示す[8]．

■**例題 3·2**　時刻 0 時に風速 $U = 12$ m/s の風が吹いていた．その時の吹送距離 F は 80 km であった．この風は 4 時間前から吹いていたが，時間がたつにしたがって次第に強くなり，12 時には風速 20 m/s まで増大し，吹送距離も 200 km に増大していた．この場合における波の波高と周期を求めよ．

[**解**]　風速および吹送距離がどのような過程を経て変化したのかわからないので，便宜的に中間の時刻 6 時で両者が急に変わったと仮定する．そうすると題意は次のようにまとめられる．

0 時	6 時		12 時
$U = 12$ m/s	$U = 12$	$U = 20$	$U = 20$
$F = 80$ km	$F = 80$	$F = 200$	$F = 200$
$t = 4$ 時間	$t = 4 + 6$	$t = t_{20}$	$t = t_{20} + 6$

（ⅰ）　0 時：図 3·13 を用い風速 $U = 12$ m/s と吹送時間 $t = 4$ 時間の組み合わせから $H_{1/3} = 1.3$ m，$T_{1/3} = 4.2$ s が，また $U = 12$ m/s，$F = 80$ km の組み合わせから $H_{1/3} = 1.75$ m，$T_{1/3} = 5.1$ s が得られる．両者を比較し波高の小さい方の波 $H_{1/3} = 1.3$ m，$T_{1/3} = 4.2$ s が 0 時の波となる．

（ⅱ）　6 時：$U = 12$ m/s，$t = 4 + 6 = 10$ 時間の組み合わせから $H_{1/3} = 2.0$ m，$T_{1/3} = 5.5$ s が，$U = 12$ m/s，$F = 80$ km の組み合わせから $H_{1/3} = 1.75$ m，$T_{1/3} = 5.1$ s が得られ，両者を比較し波高の小さい後者の波 $H_{1/3} = 1.75$ m，$T_{1/3} = 5.1$ s が 6 時の波となる．

　ここで風速変換を行う．6 時を瞬間過ぎた時点で突然 $U = 12$ m/s が $U = 20$ m/s に，$F = 80$ km が $F = 200$ km に変わったとする．6 時の波 $H_{1/3} = 1.75$ m，$T_{1/3} = $

48　3章　海　の　波

5.1 s を与えた直線 $U = 12$ m/s と直線 $F = 80$ km の交点を等エネルギー線に沿って $U = 20$ m/s まで移動させ，その点の位置から吹送時間 $t = 2.1$ 時間を読みとる．この吹送時間は最初から $U = 20$ m/s の風が吹いたとした場合に同じエネルギーを波に供給するのに必要な吹送時間である．

（ⅲ）　12 時：この時刻の条件は $U = 20$ m/s，$F = 200$ km，$t = 2.1 + 6 = 8.1$ 時間となる．前と同様，$U = 20$ m/s と $F = 200$ km の組み合わせから $H_{1/3} = 4.8$ m，$T_{1/3} = 8.3$ s が，$U = 20$ m/s と $t = 8.1$ 時間の組み合わせから $H_{1/3} = 4.0$ m，$T_{1/3} = 7.4$ s が得られ，両者を比較し波高の小さい $H_{1/3} = 4.0$ m，$T_{1/3} = 7.4$ s の波が 12 時の波となる．

3・8　波の変形

（1）はじめに

　沖合で発生・発達した波は海岸に近づいてくると海底地形や港湾・海岸構造物や流れによって波高，波長，波速，波向などが変化するが，このような現象を総称して波の変形という．一般に海岸・港湾構造物などは水深 20 m 程度以下の場所に建設されることが多いが，そのような水深では，設計波では浅水域と見なされ，波は海底地形の影響を受け変形する．一般に波浪の推算は深海波に対してであるから，得られた結果から浅海域の構造物設置地点の波浪を予測するためには，波の変形機構を知らねばならない．本節では主に水深の変化による波の変形（浅水変形 shoaling），波動特有の現象である屈折および回折現象，合わせて，波の極限を示す砕波について述べることにする．

（2）浅水変形

　規則的な波が深い所から浅海域に入ってくると，一般に波高は一旦は小さくなるが，その後は次第に大きくなり，砕波点で最大の波高を示す．また波長は，水深が浅くなるにつれて短くなり，波速は岸に近づくにつれて遅くなる．このように水深が変化することによって波高や波長が変化する現象を浅水変形という．波のエネルギーの伝達速度は時間的に変化するが，その平均速度を考えると，これは必ずしも波の伝播速度（波速）には等しくない．波の伝達方向に単位幅の垂直な断面をとれば，その一方の側が他方の側に対して単位時間になす仕事量はその断面を通して単位時間に流れるエネルギー量を表す．これは質点

系の力学におけるエネルギーと仕事量の関係とまったく同じ概念である。この仕事量を W とすれば次式で示される（不規則波については $3 \cdot 6 \cdot (6)$ に示している）。

$$W = \int_{-h}^{0} pudy \tag{3.78}$$

厳密に言えば積分の範囲は水底 $(y = -h)$ から水面 $(y = \eta)$ までであるが、線形の波動理論を考えると η は微小であり、式 $(3 \cdot 78)$ で近似される。この式 $(3 \cdot 78)$ に微小振幅波理論より得られる圧力 p および水平流速 u を代入すると次式を得る。

$$W = \frac{1}{8} w_0 H^2 C (1 + 2kh \cosech 2kh) \sin^2 (kx - \sigma t) \tag{3.79}$$

式 $(3 \cdot 79)$ において C は波速で、微小振幅波では次式で示される。

$$C = \sqrt{\frac{g}{k} \tanh kh} \tag{3.21}$$

式 $(3 \cdot 79)$ で示されるように単位幅・単位時間当たりの仕事量 W は時間的に変化するので、ここでは一周期の平均を考えると、時間に関する項 $\sin^2 (kx - \sigma t)$ は

$$\frac{1}{T} \int_0^T \sin^2 (kx - \sigma t) dt = \frac{1}{2} \tag{3.80}$$

となる。よって単位幅当たりの平均の仕事量 $\overline{W}$ は次式で示される。

$$\overline{W} = \frac{1}{16} w_0 H^2 C (1 + 2kh \cosech 2kh) \tag{3.81}$$

式 $(3 \cdot 81)$ は、$\frac{1}{8} w_0 H^2$ である単位面積当たりの平均の波の全エネルギーと次式で示される速度 C_G の積で表されることになる。

$$C_G = \frac{C}{2} (1 + 2kh \cosech 2kh) \tag{3.82}$$

式 $(3 \cdot 82)$ を用いると式 $(3 \cdot 81)$ は次式で示される。

$$\overline{W} = \frac{1}{8} w_0 H^2 \cdot C_G = \overline{E} \cdot C_G = \overline{E} \cdot C \cdot n \tag{3.83}$$

ここで n は次式で示される。

$$n = \frac{1}{2} (1 + 2kh \cosech 2kh) \tag{3.84}$$

50 3章 海 の 波

この式（3·82）で示される C_G は群速度と呼ばれるもので，群波の進行速度を意味する．前にも述べたように，仕事量はある断面を通して単位時間に流れるエネルギー量を表すことになるから，実際の海岸において，内部粘性，表面張力，底部境界層における摩擦損失等を無視すれば，$\overline{E} \times C_G$ はいかなる場所でも一定の値を示すはずである．この $\overline{E} \times C_G$ をエネルギーフラックス（energy flux）ともいう．ここで C_G を群波の波速，つまり群速度と定義したが，この群速度の求め方について述べると以下のようになる．

波高が等しく，波速および波長が異なる二つの波が重なり合った場合を考える．波は微小振幅波を考え，一般に次式で示される．

$$\eta = \frac{H}{2}\sin(kx - \sigma t) \tag{3·23}$$

ここで二つの波を次式で示す．

$$\left. \begin{aligned} \eta_1 &= \frac{H}{2}\sin(k_1 x - \sigma_1 t) \\ \eta_2 &= \frac{H}{2}\sin(k_2 x - \sigma_2 t) \end{aligned} \right\} \tag{3·85}$$

この二つの波を重ね合わせると次式を得る．

$$\begin{aligned} \eta_1 + \eta_2 &= \frac{H}{2}\sin(k_1 x - \sigma_1 t) + \frac{H}{2}\sin(k_2 x - \sigma_2 t) \\ &= H\cos\left(\frac{k_1 - k_2}{2}x - \frac{\sigma_1 - \sigma_2}{2}t\right) \\ &\quad \cdot \sin\left(\frac{k_1 + k_2}{2}x - \frac{\sigma_1 + \sigma_2}{2}t\right) \end{aligned} \tag{3·86}$$

この式（3·86）は sin 波と cos 波の積で表される．sin 波は $\{4\pi/(k_1 + k_2)\}$ なる波長と $\{4\pi/(\sigma_1 + \sigma_2)\}$ の周期を持ち，また，cos 波は $\{4\pi/(k_1 - k_2)\}$ の波長と $\{4\pi/(\sigma_1 - \sigma_2)\}$ の周期を持ち，その振幅は sin 波で表されることになる．これを図示すると図3·14のようになる．この合成波の cos 波の周期と波長より，波速は次式で示されるが，これが群速度と呼ばれるものである．

$$C_G = \frac{L}{T} = \left(\frac{4\pi}{k_1 - k_2}\right) \Big/ \left(\frac{4\pi}{\sigma_1 - \sigma_2}\right) = \frac{\sigma_1 - \sigma_2}{k_1 - k_2} \tag{3·87}$$

ここで式（3·85）で示す両波の波長および周期が非常に近い時は次式が得られる．

$$C_G = \frac{\triangle\sigma}{\triangle k} = \frac{d\sigma}{dk} \tag{3·88}$$

波速（C）と波数（k）と角速度（σ）の間には次の関係がある．

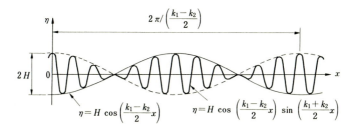

図 3·14 合成波の波形

$$\sigma = kC \tag{3·89}$$

式（3·89）を式（3·88）に代入すると C_G は次式で示される.

$$C_G = \frac{d(kC)}{dk} = C + k\frac{dC}{dk} = C - L\frac{dC}{dL} \tag{3·90}$$

この式（3·90）が群速度の定義式となるが，ここで微小振幅波の群速度を計算してみると，波速は式（3·21）となるから，式（3·91）で表される.

$$C_G = C - L\frac{dC}{dk} = C - L\frac{d}{dL}\left(\sqrt{\frac{g}{k}\tanh kh}\right)$$

$$= \frac{C}{2}(1 + 2kh\,\mathrm{cosech}\,2kh) \tag{3·91}$$

この式（3·91）は式（3·82）で示されるものと一致する．ここで，波のエネルギーの伝播がいかなるメカニズムで起こるか考えてみる．自然界では波が無限に続いていることはなく，有限個の波からなる波列が風域で発生して海洋面を進んで行く．このような群波は，個々の波とは違った波速で進行する．波群の簡単な例としては船首で発生する航走波や造波水路で造波機で数回だけ動かして起こされる波がある．これらの場合に，先頭の波は進行するにつれて波高を減じていくが，これは静かな水域に，対応した流速を生じさせるために，波の持つ位置のエネルギーを運動のエネルギーに換えていくためである．この波のエネルギーの伝達速度については Rayleigh や Reynolds の研究にあるように，それが一般的には波速より小さいために波高の減衰が起こる．波の場合にはエネルギーが保存されるのではなく，エネルギーの輸送量が保存されるのである．このエネルギー輸送量（energy flux）が一定であるという式（3·81）あるいは式（3·83）の考え方を用いて微小振幅波の浅水変形について考えてみる．

図 3・15 に示すように規則波が深水波の領域から浅水波の領域に進行する場合を考えてみると，深水波（沖波）の波高，波長，波速を H_0, L_0, C_0 とすると L_0, C_0 はそれぞれ次式で示される．

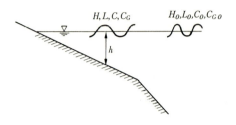

図 3・15 波の浅水変形

$$L_0 = \frac{gT^2}{2\pi} \tag{3・92}$$

$$C_0 = \sqrt{\frac{gL_0}{2\pi}} = \frac{gT}{2\pi} \tag{3・93}$$

深水波の群速度 C_{G0} は式（3・91）にて計算すると次式で示される．

$$C_{G0} = \frac{C_0}{2} = \frac{gT}{4\pi} = \frac{1}{2}\sqrt{\frac{gL_0}{2\pi}} \tag{3・94}$$

エネルギーフラックスがどの場所でも一定であるから次式が得られる．

$$\overline{W}_0 = \overline{W} \quad あるいは \quad \overline{E}_0 \cdot C_{G0} = \overline{E} \cdot C_G \tag{3・95}$$

式（3・95）において，$\overline{W}_0$ および $\overline{E}_0$ は沖波の単位時間当たりの平均の仕事量（エネルギーフラックス）と沖波の単位面積当たりの平均の全エネルギーを示す．また，沖から海岸に向かって進行する波の周期 T は変化することがないので，式（3・21）および式（3・93）より次式を得る．

$$T = \frac{L}{\sqrt{\frac{g}{k}\tanh kh}} = \sqrt{\frac{2\pi L_0}{g}}$$

$$\frac{L}{L_0} = \tanh kh \tag{3・96}$$

式（3・95）に，式（3・82）と式（3・94）を代入し，式（3・96）の関係を用いると沖波波高 H_0 と水深 h の地点の波高 H の間には次の関係式が得られる．

$$\left(\frac{H}{H_0}\right) = \frac{1}{\{\tanh kh\,(1+2kh\,\mathrm{cosech}\,2kh)\}^{\frac{1}{2}}} = K_s \tag{3・97}$$

また，波形勾配の関係は，式（3・96）を用いると次式で示される．

$$\frac{\left(\dfrac{H}{L}\right)}{\left(\dfrac{H_o}{L_o}\right)} = \frac{1}{\{\tanh^3 kh\,(1+2kh\,\mathrm{cosech}\,2kh)\}^{\frac{1}{2}}} \tag{3・98}$$

また，沖波と浅水波の波速の比は式（3・96）より次式を得る．

$$\frac{C}{C_o} = \tanh kh \tag{3・99}$$

式（3・96）〜（3・99）に示すように，深水波の波の諸元と浅水波の波の諸元の関係はすべて相対水深 h/L の関数で表される．また式（3・96）より (h/L) と (h/L_o) の関係は式（3・100）で示されるので，H/H_o, L/L_o, C/C_o, $(H/L)/(H_o/L_o)$ は h/L_o の関数

$$\frac{h}{L_o} = \frac{h}{L}\tanh\frac{2\pi h}{L} \tag{3・100}$$

でもある．これらの関係を示したものが図 3・16 である．深水波（沖波）の波高と周期が与えられると，任意の地点の波高，波長および波速が図 3・16 より求められることになる．なお付表 1〜3 は周期と水深を与えて，波長と波速を求めるときに利用される．

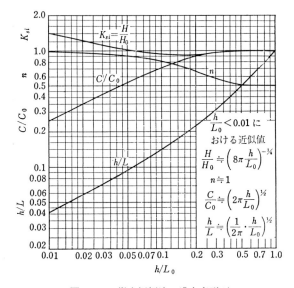

図 3・16　微小振幅波の浅水変形[2]

54 3章 海 の 波

■**例題3·3**■ 周期 12.8 秒，波高 3 m の深水波が 30，12，6 m に進行してきたときの波長，波高を求めよ．

 [**解**] 波長 L は分散の式（3·22）では

$$L = (gT^2/2\pi) \cdot \tanh 2\pi h/L \qquad ①$$

と陰関数であるが，これを書き直すと下式が得られる

$$X \tanh X = 2\pi h/L_0 = 4\pi^2 h/gT^2 \qquad ②$$

ここで

$$X = 2\pi h/L \qquad ③$$

T と h が与えられると式②から X を試算法で求めることができ，X がわかれば式③から L が求まる[*]．

 屈折を考慮しない場合，波高 H は

$$H = K_s \cdot H_0$$

ここで浅水係数 K_s は線形理論では式（3·97）で与えられる．

$$K_s = 1/\sqrt{\tanh kh \left[1 + (2kh/\sinh 2kh)\right]}$$

$X = kh$ を用いた表現は

$$K_s = 1/\sqrt{\tanh X \left[1 + (2X/\sinh 2X)\right]} \qquad ④$$

となる．

 $T = 12.8$ s で $h = 30$，12，6 m につき，式①から X，L そして K_s から H を求めると下表のようになる．

h [m]	$2\pi h/L_0$	$X = 2\pi h/L$	$\tanh X$	K_s	L [m]	H [m]
∞	∞	∞	1	1	256	3.0
30	0.736	0.977	0.752	0.92	193	2.8
12	0.295	0.572	0.517	1.03	132	3.1
6	0.147	0.392	0.373	1.19	96	3.6

 有限振幅波の波高変化の計算は，さまざまな試みがある．図3·17 はその一つであり，波高は h/L_0 と H_0/L_0 の関数として表したものである[15]．

 以上，規則波の浅水変形について述べてきたが，これらの理論と実験値の適合性について調べてみると，一般に砕波点の近傍においては，理論値と実験値

---

[*] 試算法によらず直接に波長 L の近似値を与える式としては，下式がある（Fenton, 1989）．

$$L = (gT^2/2\pi) \left[\tanh \left\{(2\pi/T) \cdot \sqrt{h/g}\right\}^{\frac{3}{2}}\right]^{2/3}$$

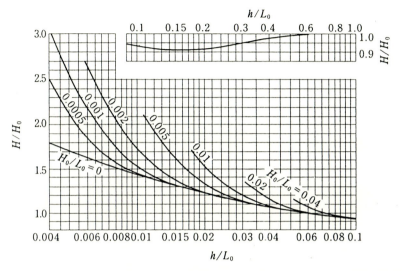

図 3・17 有限振幅波の浅水変形[2]

は必ずしも一致していない．この原因としては，① 一定水深での波の理論を傾斜した海岸に適用していること，② 内部粘性，底部における摩擦損失など，エネルギーの損失を考慮していないことなどが考えられる．また，上述したエネルギーフラックス法の他に，運動方程式と連続の式より，数値計算により直接波の変形を計算する手法などについても研究されている．

(3) 波 の 屈 折

波が海岸に近づいて，水深が波長の半分以下になると波は微小振幅深水波から微小振幅浅水波理論の適用範囲となり，波速は

$$C = \frac{gT}{2\pi} \tanh kh \qquad (3 \cdot 101)$$

で示されるように水深の影響を受けることになる．式 (3・101) において，同一の周期 T の波では，水深が浅いほど，波速はおそくなる．波峰の長い波が岸に近づいた場合，海底の等深線に対して波峰線が平行でない場合は，先に浅い所に達した波峰の所は波速がおそくなり，深い所を進行してくる部分は波速が速く進むから，波峰は方向を変えながら汀線に向かって進行し，次第に等深線に平行になろうとする．このように水深が変化するような海域を波がその向

きを変えながら進行する現象を水の波の屈折という．屈折は波動共通の性質で，波が進行する時，波速が変化する場合に屈折が起こるが，海の波の場合は水深であり，光の場合には空気と水といった媒質の違いや，同じ媒質の場合でも密度の違いによって起こる．

海の波の屈折は浅水域（$h/L<0.5$）における波の変形現象を明らかにするのに重要であって，海底地形により，場所的に波が収斂する所と発散する所ができるわけで，波のエネルギーは波峰線と直角をなす方向には流出しないため，波向線が収斂する所では波高は当然高くなり，また発散する所では波高は小さくなるわけであるから，海岸・港湾構造物の設計および配置に当たって重要な現象である波の屈折図の作製にはスネル（Snell）の法則を用いるが，これはフェルマーの原理（光がある一点より他の一点に進むとき，これに要する時間が極小となる道を選ぶ）に基づいている．

図3·18に示すように，波速 C_1 を示す水深から，波速 C_2 を示す水深に入射角 α_1 で波が進行する時，屈折角 α_2 と α_1，C_1，C_2 の関係はフェルマーの原理により次式で示される．

$$\frac{C_1}{C_2} = \frac{\sin \alpha_1}{\sin \alpha_2} \qquad (3\cdot 102)$$

この式をスネルの法則という．海底地形が単純な関数で表される場合の理論的な屈折図については Arthur, Pocinki, Williams らの研究があるが実際の海岸の等深線は複雑で実用的ではない．また，実際の海岸は図3·19に示されているような階段状ではなく連続的に変化しているため，スネルの法則を用いて作図する技術的方法の解決が急がれていた．

海底変化に伴う波の屈折図の描き方で，我が国で用いられている方法は波向線法で，この描き方の基礎は Arthur, Munk, Isaacs の研究によるもので，そ

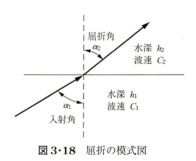

図3·18　屈折の模式図

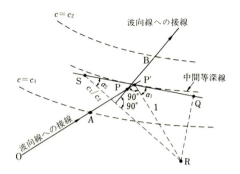

図 3·19 屈折図の描き方（$\alpha_1 < 80°$）[14]

の理論に基づいた作図法について以下に述べる．

[**$\alpha_1 < 80°$ の場合**]

1) 所要地点を含み，深海波長の 1/2 以下の水深以浅の範囲について等深線を描く．この場合，一波長程度以下の等深線の不規則性は無視して，平滑な等深線を描く（図 3·19 の破線で示される曲線）．

2) 深海波の波長，波向を決定する．

3) 付録 2. 付表より，各等深線の水深に対応する波速 C_1, C_2, …, C_n を求め，C_1/C_2, C_2/C_3, …, C_n/C_{n+1} を計算しておく．波が深い所から浅い水深に進行する場合には，この値は 1 より大きい．

4) 図 3·19 に示されているように相隣接する等深線（2 本の破線で示される曲線）の中間に，中間等深線を記入する．

5) C_1 の等深線における波向線の接線 $\overline{OA}$（矢印つきの直線）と中間等深線との交点 P′ を求める．この点より，$\overline{AP'}$ への垂線 $\overline{P'R}$ を描き，$\overline{P'R}$ を単位長にとる（通常は 10 cm をとることが多い）．

6) R を中心として，$\overline{P'R} \times (C_1/C_2)$ の長さを半径とする円を描き，点 P′ における中間等深線の接線との交点を S とする．

7) $\overline{SR}$ に垂直な $\overline{PB}$ を $\overline{AP} = \overline{PB}$ となるように引くと，$\overline{PB}$ は点 B における波向線に対する接線，すなわち点 B における波向となる．しかし，現実の作図においては，△P′SR は非常に偏平な三角形となることが多く，作図には充分注意を払う必要がある．

8) 以上の手続きを繰り返すことにより連続的な波向線を描くことができる．

[$\alpha_1 \geqq 80°$ の場合]

1) 図 3·20 に示すように,相隣接する平滑化された等深線間を,それとほぼ等しい角度で交わる横断線でくぎり,いくつかの箱型に分ける.この横断線の間隔 R は等深線間隔 j の倍数値とする.すなわち次式のようにとる.

$$R_i = j_i \times n \quad n：整数 \tag{3·103}$$

2) 全等深線に対して,付録 2.付表より C_1, C_2 を求め C_2/C_1 を計算する.

3) この C_2/C_1 を用いて図 3·21 から分割された箱型の横断線間の中央における波向線の回転角 ($\Delta\alpha$) を R_i/j_i の値に対して読みとる.

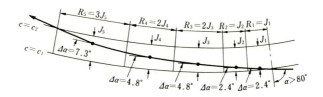

図 3·20　屈折図の描き方 ($\alpha_1 \geqq 80°$)[14]

4) 波向線の箱型の横断線間の中央まで延長し,3) で読みとった $\Delta\alpha$ だけ浅い等深線の方へ屈折した新しい波向線を描く.

5) 入射角が 80° 以下となるまで以上の操作を繰り返す.

6) 入射角が 80° 以下となったら前記の方法に切りかえる.

以上,屈折図の作図法について述べたが,作図に当たっての一般的な注意事項を述べると,

1) 屈折図の作製に当たっては,普通 1/1000～1/5000 縮尺の深浅図を用いる.

2) 相対水深 $h/L_0>0.5$ の範囲では,波速 C は水深の影響を受けないので,等深線図は $h/L_0<0.5$ くらいの水深まで描いてあれば良い.通常は $h/L_0<0.25$～0.3 の範囲まであれば良い.h/L_0 が大きい場合 $C_1/C_2 \fallingdotseq 1.0$ であるから,ほとんど屈折しない.

3) 等深線間隔はあまり小さいと作図が困難になるので最低でも 1～2 cm の間隔が必要である.したがって 1 m ごとの等深線が描かれてあっても,その間隔が小さい時は適宜,間を抜いても良い.この場合,中間等深線は,省略した等深線にこだわらずに描いて良い.

3・8 波の変形 59

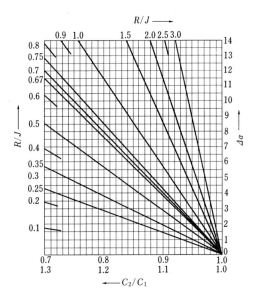

図 3・21 回転角 $\Delta\alpha$ のグラフ[14]

4) 平均的な海底勾配と与えられた沖波の波形勾配から，砕波水深が砕波指標により決定されるので，それより以浅で屈折図作製は止めて良い．

図 3・22, 3・23 は，実際の海岸の屈折図である．円弧状の湾に波が侵入する場合には，波向線の間隔は汀線に近づくにつれて広がり，波のエネルギーは分散傾向にあるのに対して，岬の突端のような海底地形の場合には，波のエネルギーは集中することがよくわかる．

屈折係数 K_r は深海波の波峰線間隔を b_0，考えている地点の相隣る波峰線間隔を b とするとき次式で示される．

$$K_r = \sqrt{b_0/b} \tag{3・104}$$

その地点の波高は次式で与えられる．

$$H = K_r K_s H_0 \tag{3・105}$$

なお，平行等深線の場合は理論的に下式で求まり，図 3・24 のように与えられる．

$$K_r = \sqrt{\cos\alpha_0 / \cos\alpha} \tag{3・104 a}$$

$$\alpha = \sin^{-1}\left\{\left(\frac{C}{C_0}\right)\sin\alpha_0\right\} \tag{3・104 b}$$

60　3章　海　の　波

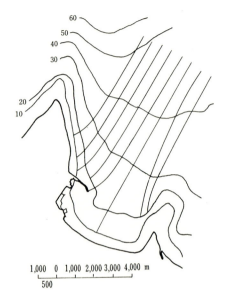

図3・22　稚内港近くの屈折図（エネルギー分散型）

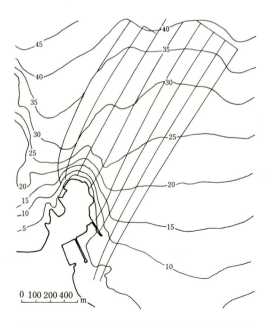

図3・23　鴛泊港近くの屈折図（エネルギー集中型）

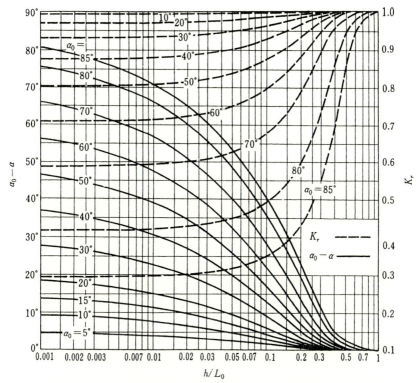

図 3·24 等深線が平行な直線海岸に対する屈折角 α と屈折係数 K_r（α は等深線に垂直な線と波向線のなす角，α_0 は深水波のなす角）[15]

(4) 波 の 回 折

波が防波堤のような構造物の後方まで廻り込むような現象を回折という．これは光の回折とまったく同様の現象で波動の基本的な性質といえる．波の屈折においては，波とともに進行するエネルギーは隣接する波向線間を進行し，波向線を横切ってエネルギーが流れることがないとしているが，回折現象においては，港湾の空中写真（図 3·25）でもわかるように，防波堤の影の部分にも波は進行する．これは明らかに波の持つエネルギーが波向線を横切って流れていることを意味している．波の回折現象は，港内の静穏度を保つための防波堤の適切な配置計画や，岬の陰の水域の静穏度の推定などにとって重要であるし，離岸堤背後の砂の移動にとっても重要である．

図 3・25 古平漁港の波の回折

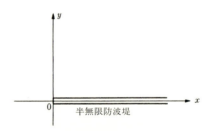

図 3・26 回折理論の座標 (Penny and Price)

元来，波の回折については，光の回折に関する Sommerfeld の解を水の波の回折に適用することであった．この水の波の回折問題は Penny と Price の研究[16]後非常に活発になってきた．Penny と Price は，図 3・26 に示すように座標の原点を防波堤の先端にとり，z を垂直上向きにとる．速度ポテンシャルを ϕ とすると式 (3・106) が得られる．

$$\frac{\partial^2 \phi}{\partial x^2}+\frac{\partial^2 \phi}{\partial y^2}+\frac{\partial^2 \phi}{\partial z^2}=0 \quad z\leq 0 \tag{3・106}$$

波を微小振幅波とすると圧力 p は次式で示される．

$$p = \rho\left(\frac{\partial \phi}{\partial t}-gz\right) \quad z\leq 0 \tag{3・107}$$

波の表面 $z=\eta$ で圧力 p はゼロであるから，式 (3・107) は次式で示される．

$$\eta = \frac{1}{g}\frac{\partial \phi}{\partial t} \quad z=0 \tag{3・13}$$

微小振幅波では，表面において，水面の上昇速度 $\frac{\partial \eta}{\partial t}$ は近似的に波面の鉛直方向水粒子速度に等しいので次式が得られる．

$$\frac{\partial \eta}{\partial t} = -\frac{\partial \phi}{\partial z} \quad z=0 \tag{3・12}$$

式 (3・13) と式 (3・12) の両式より，次式を得ることができる．

$$\frac{\partial^2 \phi}{\partial t^2} + g\frac{\partial \phi}{\partial z} = 0 \quad z=0 \tag{3・11}$$

水底においては水粒子速度の鉛直成分はゼロとなるので次式を得る．

$$\frac{\partial \phi}{\partial z} = 0 \quad z=-h \tag{3・108}$$

式 (3・108) の条件を満足し，かつ周期関数で式 (3・106) に示すラプラスの式を満足するような速度ポテンシャル ϕ を次式で表す．

$$\phi = Ae^{ikct}\cosh k(z+h)F(x,y) \tag{3・109}$$

$F(x,y)$ は (x,y) の複素関数であり，式 (3・109) を式 (3・106) に代入すると次式を得る．

$$\frac{\partial^2 F}{\partial t^2} + \frac{\partial^2 F}{\partial y^2} + k^2 F = 0 \tag{3・110}$$

式 (3・109) を式 (3・11) に代入することにより次式を得る．

$$C^2 = \frac{g}{k}\tanh kh \tag{3・111}$$

水面形 η は式 (3・13) と式 (3・109) の両式より求めることができる．

$$\eta = \frac{AikC}{g}e^{ikct}\cosh kh \cdot F(x,y) \tag{3・112}$$

この式の実部が水面変動をあらわす．ここで y 軸方向に進行する進行波を考え $F(x,y)=e^{-iky}$ とすると，これは式 (3・110) を満足する．これを式 (3・112) に代入することにより入射波の波形 η_i は

$$\eta_i = \frac{AikC}{g}e^{ik(ct-y)}\cosh kh \tag{3・113}$$

式 (3・112) の実部をとると

$$\eta_i = \frac{AikC}{g}\cosh kh \sin k(ct-y) \tag{3·114}$$

式 (3·113) と式 (3·112) の比をとると

$$\frac{\eta}{\eta_i} = e^{iky}F(x, y) \tag{3·115}$$

回折係数 K_D は入射波の振幅と任意の地点の振幅の比であるから，次式で示される．

$$K_D = \left|\frac{\eta}{\eta_i}\right| = |F(x, y)| \tag{3·116}$$

よって回折係数 K_D は複素関数 $F(x, y)$ の絶対値に等しいので，$F(x, y)$ を求めれば回折係数は求められることになる．Penny と Price は，半無限防波堤に直角に入射する場合の回折図を求めている．最近は電子計算機の発展により，半無限堤や開口部を有する防波堤それに島堤に斜に入射する場合の回折の計算がなされていて，その結果を図 3·27, 3·28 に示す．

以上無限水域にある防波堤近傍の波の回折の理論解は得られるが，実際の港湾のように複雑な形状をしていて港内に侵入した波が岸壁等で多重反射をくり返すような場合にまで拡張することは困難である．図に示されたような回折図はあくまでも防波堤の基本配置計画などに用いる程度で，実際の配置計画に当

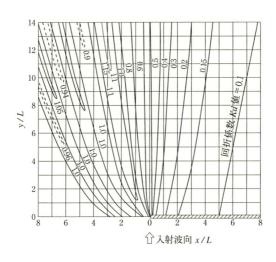

図 3·27 (a) 半無限防波堤に対する規則波の回折図 ($\alpha i = 90°$)[17]

3・8 波の変形 **65**

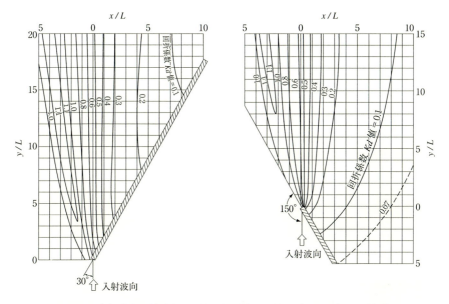

図 3・27 (b) 半無限防波堤に対する規則波の回折図 ($\alpha i = 30°,\ 150°$)[17]

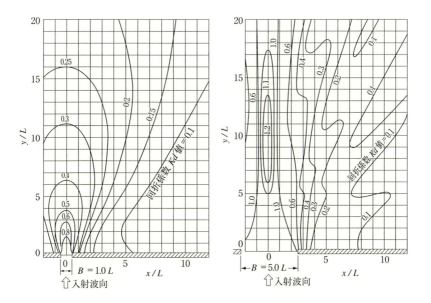

図 3・28 防波堤開口部に対する規則波の回折図[17]

66 3章 海 の 波

たっては不規則波を対象とした数値波動解析法など数値シミュレーションや水理模型実験によらねばならない[17].

(5) 砕波と砕波後の波の変形

我々が海岸に立って海を見る時，風の強い時には，沖の方の波の波頂部が風に吹き飛ばされ，白波が立っているが，これを white cap とか white horse といい，風速 10 m 前後からこのような現象が起こり，これも砕波の一つである．また汀線近くでは，波の波頂部が尖り，ある時は波頂部が巻き込みながら，またある時は波頂部が崩れるように白波をたてて砕けるのを見ることができる．このように砕波にはいろいろな形態がある．一般に砕波の形態は図 3・29 に示すように崩れ波砕波（spilling breaker），巻き波砕波（plunging breaker）それに砕け寄せ波砕波（surging breaker）の三つに分けられていたが，ガルビンは，巻き波と砕け寄せ波の間に巻き寄せ波砕波（collapsing breaker）という砕波形態を加えた．この砕波の形態の分類については，Iversen, Patrick-Wiegel, 速水，佐伯らそれに Galvin により研究されているが，Galvin を除いていずれも図 3・30 に示すように，沖波波形勾配 H_0/L_0 と水底勾配 S により分類されているが，図からも明らかなように，各研究者によって少しずつ異なっている．これは，この砕波の形態が連続的に巻き波から崩れ波へ，あるいは巻き波から砕け寄せ波へ移行していくため，定義の仕方によって差がでることと，沖波の波形勾配の求め方が違っていることにもよる．ここに佐伯らの実験結果を図 3・31 に示す．図からも明らかなように，同一の水底勾配 S であれば，沖波波形勾配 H_0/L_0 が大きくなるにつれて，崩れ波砕波に近づくし，H_0/L_0 が非常に小さくなると砕け寄せ波砕波が起こりやすくなる．また，水底勾配が $S < 1/50$ になると，ほとんどの波が崩れ波になる．また砕け寄せ波は急勾配な海岸で，波形勾配が小さい時だけ発生する．有限振幅非回転波の理論砕波限界を求めたのはストークスであったが，かれは砕波の条件として波速と波頂部の水平水粒子速度が等しい時が砕波の限界であると考え，その時の波頂部における波面のなす角が 120° であることを示した．また浜田はストークス波理論よりストークスの砕波条件により計算し，砕波限界時の波高，波頂，水深の関係が次式であることを示した．

$$\frac{H_b}{L_b} = 0.142 \tanh \frac{2\pi h_b}{L_b} \tag{3・117}$$

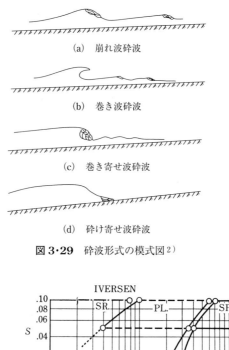

(a) 崩れ波砕波

(b) 巻き波砕波

(c) 巻き寄せ波砕波

(d) 砕け寄せ波砕波

図3・29 砕波形式の模式図[2]

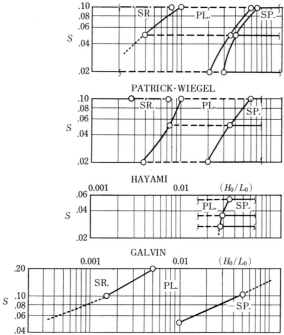

図3・30 砕波の形態の分類（SRは砕寄せ波，PLは巻波，SPは崩れ波を示す）

この他，多くの研究者によるストークス波の砕波限界の理論解析が進められてきているが，その結果は式（3・117）とほとんど同じである[9),18),19)]．

またクノイド波に対しては，その極限が孤立波となるが，その砕波限界は，マッカワンが $H_b/h_b = 0.73$，Keulegan が $H_b/h_b = 0.73$，ルトンが $H_b/h_b = 0.727$，山田やレナウが $H_b/h_b = 0.83$ となっているが佐伯等の孤立波の砕波の実験では $H_b/h_b = 0.82$ となっていて山田等やレナウの結果と良い一致を示している．以上述べたことは水深が一定での砕波限界である．通常の海岸は傾斜しているが傾斜海岸での砕波限界を理論的に求めることは今のところ困難である．Pergrine や浜中は斜面上の波の運動方程式を導き，数値計算を行っているが，砕波点近傍での波形はかなり実際の波形に似かよっているが，実験から得られる砕波水深や砕波波高とは異なっている．合田は実際の海岸の観測資料や水槽での実験資料をまとめて，砕波時の波高 H_b や水深 h_b を求める図表を作製した．図3・32 は，沖波の波形勾配と海底勾配から砕波点での波高 H_b を求める図である．また図3・33 は砕波限界 H_b/h_b を示している．このように砕波限界での波浪の特性を求める図表を砕波指標（breaker index）と呼んでいて，非常に重要な波の特性値である．また，図3・34 は砕波点における水底からの峰高を示している．

砕波後の波高の変化については，堀川・郭，中村・白石・佐々木，椹木・岩

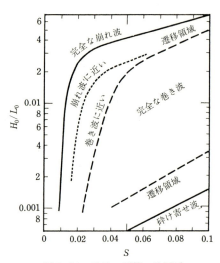

図3・31　砕波の形態の分類[20)]

田・中辻それに佐伯・佐々木の研究がある．中村らは砕波後の波高の変化には水底勾配 S と沖波波形勾配が影響するとしているが，堀川らや佐伯らの結果では沖波波形勾配の影響は水底勾配の効果に比べてはるかに小さいことを示している．佐伯らの実験値に堀川らや椹木らの結果を加えてまとめたものが図3

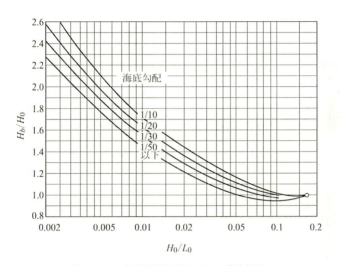

図 3・32 砕波限界波高 H_b/H_0 の算定図[2)]

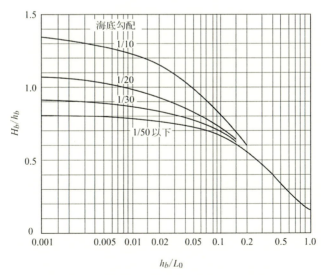

図 3・33 砕波限界の波高水深比 H_b/h_b の算定図[2)]

·35である.水底勾配に関係なく,砕波直後は波高の減衰が大きく,また水底勾配によって減衰の仕方が異なっているが,$h/h_b<0.6$ の範囲では S に関係なく一様な波高減衰を示している.流れによる波の変形については,前書[23]を参照されたい.

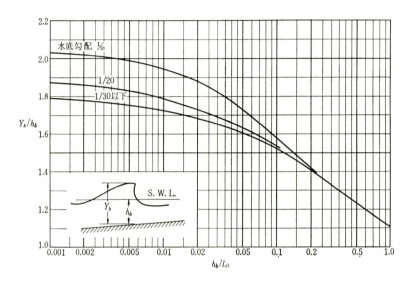

図 3·34 砕波点での波頂高さ[21]

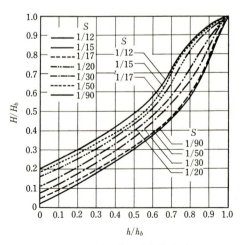

図 3·35 砕波後の波高変化[22]

3·9 長 周 期 波

（1）津　　波

　古来，津波というと，日本では地震津波と暴風津波に分けて考えてきた．一般に地震津波は地震によって海底に断層が発生し，それにより発生する波であるが，まれには海底火山の爆発（明神礁），島火山の爆発（クラカトア）によって起こる．また，これとは別に地すべり，山崩れにより崩れた土砂が海中に落下して起こる場合（島原半島の眉山の崩落による有明海の津波，アラスカのリツヤ湾での山の崩落による津波）もある．このように地震津波は流体塊の一部に衝撃力が作用する時，あるいは大規模な海底変動等によって発生する．また暴風津波は，現在では高潮と呼ばれ地震津波とは発生源もその性質も異なる．しかし現在では津波といえば地震津波のことをさしている．津波の発生要因を列挙すると次のようになる．

　1）地震に伴う海底の断層の発生
　2）海底火山の爆発（明神礁，1952 年）
　3）島火山の爆発（クラカトア，1883 年）
　4）山の崩落などによる海面への衝撃（島原，1792 年）
　5）原水爆の海上・海中爆発（ビキニ環礁，1954 年）

　津波は湾奥の海岸では，大きな水位変化を示すが，深海においては通航する船舶もほとんど気づかないのが普通である．また特別な場合には船舶が海水の震動を感じることがあるが，これは地震の震動が疎密波として直接海水に伝わるためであって，船舶が震源地の近くを航行する場合に限られる．津波の周期は数分から数時間に及ぶものまであり，通常の風波と違って非常に長く，長波の性質を有している．津波の波速は長波の波速と同じで次式で示される．

$$C = \sqrt{gh} \tag{3·58}$$

h は水深，g は重力加速度（9.8 m/s²）である．太平洋の平均水深は約 4000 m であるから，太平洋を横断する津波の波速は 198 m/s で，時速 712.8 km/hr となり，ジェット機より少しおそい速さである．1960 年南米チリのサンチャゴ沖で発生したチリ沖地震津波の場合，地震発生後約 24 時間後に北海道の道東地方に津波が到来したが，チリと道東間の距離が約 17,000 km であるから，ほぼ計算どおりの到達時間であった．津波の発生域を津波の波源域というが，

波源域がわかれば深浅図から，スネルの屈折の式に基づいた屈折の作図法により津波の進行する図を書くことができる．これを津波の伝搬図といい，その例を図3·36に示す．この津波伝搬図により，波源からの津波の到着時間と津波のエネルギーの集中・発散の様子を知ることができる．図3·36は1933年の三陸津波の伝搬図を川瀬三郎が書いたもので，宮古沖には津波発生後約25分で到達していることがわかるし，この津波のエネルギーが三陸海岸に集中していることを示している．次に図3·37に津波の逆伝搬図を示す．逆伝搬図とは，津波の来襲が予想される点を中心に伝搬図を書いたもので，この図があれば，いかなる海域で津波が発生しても，その津波の到達時間とその津波の集中の具

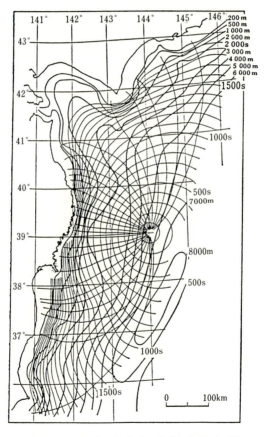

図3·36　1933年三陸津波の津波伝搬図（川瀬）

合がよくわかる．図3·37は，ハワイのホノルルを中心に書いた津波の伝搬図で，この図よりチリ沖で起こった津波は15時間で，三陸沖で起こった津波は約7.5時間でホノルルに到達することがわかる．

　地球上で津波の起こりやすい場所は地震活動の盛んな海域と一致することは当然であって，環太平洋地震帯と欧亜地震帯は世界の二大地震帯で，過去に起こった津波の80パーセント以上が我が国の太平洋岸から千島，アリューシャン列島，アラスカ，メキシコの太平洋岸それに南米のペルー，チリ沖にかけての環太平洋地震帯で起こっている．今村は津波による被害の大きさを示す津波のマグニチュード m を提案しているが，それを表3·3に示す．ウィルソンは1923年から，1957年の34年間の日本で起こった津波のマグニチュード m と年平均発生数 n の関係を図3·38のように示した．この図から，$m=2$ の津波は10年に1回，$m=4$ の津波は14年に1回となる．また飯田らは津波のマグニチュード m と地震のマグニチュード M との関係を調べているが（図3·39），その平均的な関係は次式で示される．

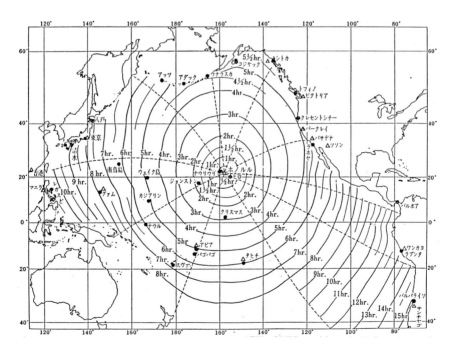

図3·37　ホノルルを中心とした津波の逆伝搬図（米国太平洋津波警報組織）

表3·3 津波のマグニチュード m と被害程度

規模階級 (m)	津波の高さ (H)	被 害 程 度
−1	50 cm	なし
0	1 m	非常にわずかの被害
1	2	海岸および船の被害
2	4〜6	若干の内陸までの被害や人的損失
3	10〜20	400 km 以上の海岸線に顕著な被害
4	30	500 km 以上の海岸線に顕著な被害

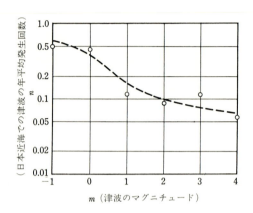

図3·38 津波のマグニチュード m と平均年発生回数の関係[4]

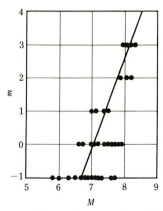

図3·39 地震のマグニチュード M と津波のマグニチュード m の関係[24]

$$m = 2.6M - 18.4 \tag{3·118}$$

飯田は，海底で発生する地震により必ずしも津波が発生するわけではなく，津波の規模が地震のマグニチュード M と震央の深さ D [km] に依存することを明らかにし，図3·40 を示している．式 (3·119) の範囲では，被害を及ぼす規模の津波となり，

$$M \geqq 0.008D + 7.75 \tag{3·119}$$
$$0.008D + 7.75 > M \geqq 0.17D + 6.42 \tag{3·120}$$

式 (3·120) の範囲では津波は発生するが，その規模は小さく，また式 (3·121) で示される範囲では津波が発生しないことを明らかにした．

$$M < 0.017D + 6.42 \tag{3·121}$$

図3·40から明らかなように，地震のマグニチュード M が 6.4 以下では津波が発生しないことになる．また，津波のエネルギーは，その発生の源となる地震エネルギーの 0.6〜10 パーセントといわれている．また，ウィルソンは津波の波高 H と津波および地震のマグニチュードの関係を求め図3·41 を示した．これより次の関係が得られる．

$$\log_{10} H = 3.75m \tag{3·122}$$
$$\log_{10} H = 0.75M - 5.07 \tag{3·123}$$

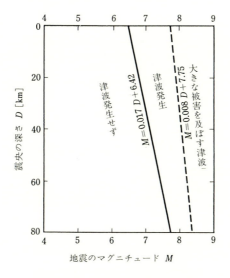

図3·40　津波の発生限界と規模[4]

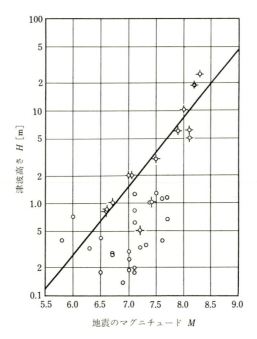

図 3·41　地震のマグニチュード M と津波高さ H の関係[4]

この二式の関係を求めるに当たっては，主に日本近海で発生した津波の資料を用いているが，包絡線であるため，各マグニチュードに対しては，これから得られる波高 H を越えることはなく，あくまでも目安と考えておく方が良い．津波のような水深に比べて波長の長い波は海底地形の影響を強く受けるため，三陸海岸のような海岸線の複雑な海岸では，隣接した湾でも，海底勾配や湾の形や湾口の向きの違いによって津波の波高は大きく異なることがある．湾内の水深変化や水路幅の変化による津波の波高の変化は式 (3·124) により計算される．津波を線形長波の波動理論で表されるとすると，単位面積当たりの平均の波のエネルギー E は $\rho g H^2/8$ であり，群速度は $C_G = C = \sqrt{gh}$ であるから，水路の幅を B とする時，簡単な計算で式 (3·124) が求められる．

$$\frac{\rho g H^2}{8}\sqrt{gh}\,B = \frac{\rho g H_O^2}{8}\sqrt{gh_O}\,B_O$$

$$\frac{H}{H_O} = \left(\frac{h_O}{h}\right)^{\frac{1}{4}}\left(\frac{B_O}{B}\right)^{\frac{1}{2}} \qquad (3·124)$$

この式は，水深 h_0 の点の波高 H_0，水路幅 B_0 が与えられたら，水深 h，水路幅 B の位置の波高 H が求められ，H は水深 h の $-1/4$ 乗，水路幅 B の $-1/2$ 乗に比例することになり，この式は一般にグリーン（Green）の式と呼ばれている．

■**例題 3・4** ■ 湾口部の幅が 5 km，深さ 60 m，湾奥部の幅が 1 km，水深 2 m の幅，水深ともに一様に変化する台形状湾において，湾口部の波高が 1 m の津波の水深 10 m 地点の波高をグリーンの式から求めよ．

[解] 題意から，下図のような V 字型の湾内の津波波高 H を求める．

ここで湾口と湾奥の幅員はそれぞれ $B_0 = 5$ km，$B_e = 1$ km で，水深はそれぞれ $h_0 = 60$ m，$h_e = 2$ m であり，求める $h = 10$ m 地点の幅員は次式から求められる．

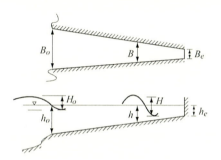

$$(B - B_e)/(B_0 - B_e) = (h - h_e)/(h_0 - h_e) \qquad ①$$

上出の値を代入し B を求めると，$B = 1.55$ km が得られる．

この B と h について，式（3・124）のグリーンの式で $H_0 = 1$ m として，波高 H が計算できる．

$$H = 1 \cdot (b_0/b)^{1/2} \cdot (h_0 \cdot /h)^{1/4} = 1 \cdot (5000/1552)^{1/2} \cdot (60/10)^{1/4}$$
$$= 1 \cdot 1.79 \cdot 1.56 = 2.8 \text{ m}$$

津波が深海域から大陸棚に向かって進行してくる場合，陸棚と深海との境界で屈折・反射それに透過が起こる．いま図 3・42 に示すように，境界に対して α の角で津波が進入してくるとすると，津波の反射率 K_r と透過率 K_t は次式で示される．

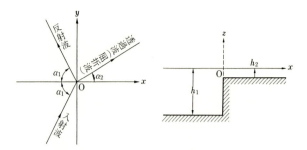

図3·42 陸棚による津波の反射および屈折

$$K_r = \frac{C_1 \cos \alpha_1 - C_2 \cos \alpha_2}{C_1 \cos \alpha_1 + C_2 \cos \alpha_2} \tag{3·125}$$

$$K_t = \frac{2C_1 \cos \alpha_1}{C_1 \cos \alpha_1 + C_2 \cos \alpha_2} \tag{3·126}$$

ここで，$C_1 = \sqrt{gh_1}$，$C_2 = \sqrt{gh_2}$ であり，α_1 と α_2 の関係は式（3·102）で示されるスネルの式で求めることができる．

津波の陸上へのはい上り高さについては，Kaplan，岸・佐伯らの孤立波を用いた実験式が得られているが，陸上への遡上高を R とする時，次式で示される．

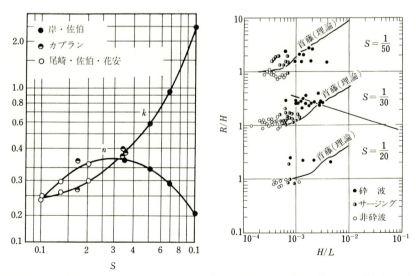

図3·43 海底勾配 S に対する k および n の値　　**図3·44** 津波の陸上への遡上高さ[28]

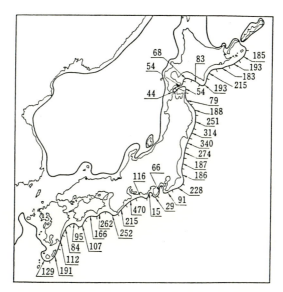

図 3·45 津波の危険度（単位：10^{20} エルグ/85 km）（高橋竜太郎，1951）

$$\frac{R}{H} = k\left(\frac{H}{L}\right)^n \tag{3·127}$$

ここで k および n は水底勾配にのみ依存し，図 3·43 に示されるような値をとる．これに対して富樫らは，長周期波の実験結果と首藤の理論解析をもとに図 3·44 に示す結果を得ている．図 3·45 は，高橋が求めた，次の 100 年間に各海岸に到達するエネルギーを計算したもので単位は 10^{20} エルグ/83 km となっている．図からも明らかなように，北海道の十勝海岸，東北の三陸海岸，関東の房総半島，それに東海から紀伊水道にかけての地域が危険といえる．図 3·46 は，気象庁が用いている津波予報図であるが，太い実線は大津波地震，津波地震それに津波注意地震の区分を表し，一点鎖線は，大津波・津波・津波注意それに津波なしの区分で，細い実線は地震のマグニチュードを示している．

(2) 湾および港の長周期波

岩手県の宮古湾や高知県の土佐清水のような入口の狭い細長い湾や周りを陸で囲まれた湖においては，低気圧の通過などに伴う気圧の変動，風の息（ガスト），地震動，それに高潮や津波といった海面変動により長周期の重複波が発生する．これをセイシュ（seiche）とよんでいる．また港湾内で起こる同様の

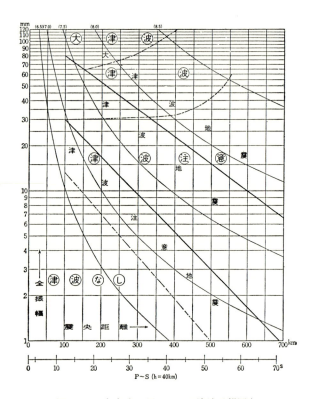

図3・46　気象庁で用いている津波予報図[7]

現象を湾水振動（harbour oscillation）あるいは副振動（secondary undulation）とよんでいる．このような現象は古くから一般に知られていて，長崎地方ではアビキ，伊豆下田地方ではヨタと呼ばれている．湾の形状による長周期波の周期と頻度分布に関する宇野木の調査結果を図3・47に示す．狭い周期帯にエネルギーが集中しているものは土佐清水や宮古といった細長い湾に多く発生し，大阪湾のように大きい湾や，鳥羽のように複雑な形状をした湾では広い周期帯にエネルギーが広がっているし，八戸のように湾口幅が広く奥が浅い湾でも同様の結果となっている．土佐清水，宮古など，細長い湾では，この静振の波高が1mを越すこともある．また，大阪湾，伊勢湾では20cm程度，東京湾では10cm程度である．

　まず閉じられた水域の自由振動を考えてみる．図3・48に示すような幅$2b$，

3・9 長周期波 81

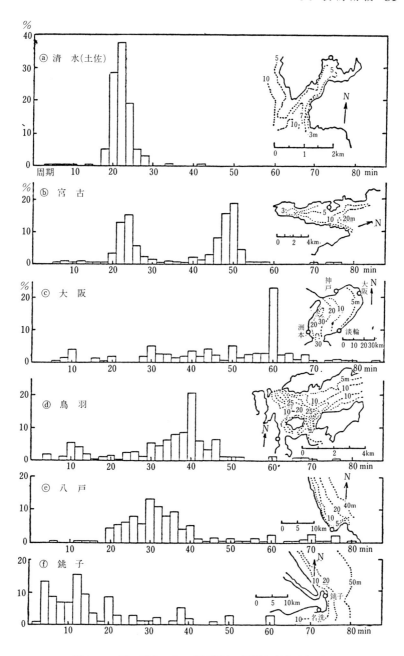

図 3・47 湾の形状による長周期波の周期と頻度分布[31]

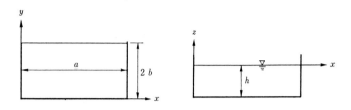

図3·48 自励振動の座標

長さ a で水深が一定で h の矩形の水域の自由振動の振動周期を求める.この場合の基本式はラプラスの式が式 (3·106),表面条件式が式 (3·13),(3·12) である.また水底条件が式 (3·108) で示される.側壁の条件は以下に示す.

$$\left.\begin{array}{l} x = 0,\ a\ \text{で}\ \dfrac{\partial \phi}{\partial x} = 0 \quad (0 \leq y \leq 2b) \\ y = 0,\ 2b\ \text{で}\ \dfrac{\partial \phi}{\partial y} = 0 \quad (0 \leq x \leq a) \end{array}\right\} \quad (3 \cdot 128)$$

この条件を満足する長波近似の速度ポテンシャル ϕ および波形 η はそれぞれ次式で表される.

$$\phi = \sum_{m=0}^{\infty} \sum_{n=0}^{\infty} -\frac{H_{mn} g}{2\sigma} \cos\frac{m\pi x}{a} \cos\frac{n\pi y}{2b} \sin \sigma t \quad (3 \cdot 129)$$

$$\eta = \sum_{m=0}^{\infty} \sum_{n=0}^{\infty} \frac{H_{mn}}{2} \cos\frac{m\pi x}{a} \cos\frac{n\pi y}{2b} \cos \sigma t \quad (3 \cdot 130)$$

ここで,波数 k と角周波数 σ の関係は式 (3·89) で示される.また,連続の式は次式で示される.

$$\frac{\partial \eta}{\partial t} + h\left(\frac{\partial u}{\partial x} + \frac{\partial v}{\partial y}\right) = 0 \quad (3 \cdot 131)$$

式 (3·129),(3·130) の両式を式 (3·131) に代入すると,固有振動周期 T を求めることができる.

$$T = \frac{2}{\sqrt{gh}} \left\{ \left(\frac{m}{a}\right)^2 + \left(\frac{n}{2b}\right)^2 \right\}^{-\frac{1}{2}} \quad (3 \cdot 132)$$

ここで,$n=0$ の場合は x 方向の振動を表し,$m=0$ の場合は y 方向の振動を表す.いま,$n=0$ の場合,$m=1$ であれば図3·49 (a) のように単節モードの振動になり,$m=2$ の場合図3·49 (b) のように双節モードの振動となり,m は節の数を表している.$m=1$ の1次のモードの振動では固有振動周期は,$T = 2a/\sqrt{gh}$,$m=2$ の2次のモードの振動であれば $T = a/\sqrt{gh}$ となる.これ

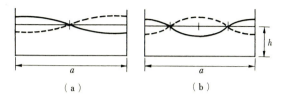

図 3·49 自励振動の振動モード

に対して，円形の湖等の場合には，式 (3·13), (3·12) の表面条件式を用いて，式 (3·131) より，u, v を消去して次の基本式を得る．

$$\frac{\partial^2 \eta}{\partial t^2} = C^2 \left(\frac{\partial^2 \eta}{\partial x^2} + \frac{\partial^2 \eta}{\partial y^2} \right) \tag{3·133}$$

ここで $C^2 = gh$ である．ここで波形を $\eta = \eta_0(x, y) \cdot \cos \sigma t$ とおき，極座標を用いると式 (3·133) は次式のように変形される．

$$\frac{\partial^2 \eta_0}{\partial \gamma^2} + \frac{1}{\gamma}\frac{\partial \eta_0}{\partial \gamma} + \frac{1}{\gamma^2}\frac{\partial^2 \eta_0}{\partial \theta^2} + k^2 \eta_0 = 0 \tag{3·134}$$

この式で，$\eta_0 = \phi f(\gamma) \cos S\theta$ とおくと次式で示される．

$$\frac{\partial^2 f}{\partial \gamma^2} + \frac{1}{\gamma}\frac{df}{d\gamma} + \left(k^2 - \frac{S^2}{\gamma^2} \right) f = 0 \tag{3·135}$$

これはベッセルの微分方程式で，解は第一種ベッセル関数で表される．

$$\eta = A_s J_s(k\gamma) \cos S\theta \cos \sigma t \tag{3·136}$$

ここで $S = 0$ では，原点に対して対称な振動モードとなり，節線は円となる．また $S = 1$ では中心をとおる一本の線（直径）が節線となる．円形水域の半径を R とすると，$S = 0$ では，第 1 次モードの周期は $T = 1.64R/\sqrt{gh}$，節線の位置は中心より，$0.628R$ の位置である．また $S = 1$ の場合には，固有振動周期は $T = 3.41R/\sqrt{gh}$ となる．

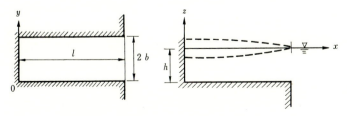

図 3·50 湾口が開いている水路の振動モード

次に図3·50に示すような，長方形湾で，一辺が完全に開いている場合には，湾口では節となり，固有振動周期は次式で表される．

$$T = \frac{4l}{(2m-1)\sqrt{gh}} \tag{3·137}$$

実際には，外海の海水も湾口へ出入をするため，節の位置は港口より沖側に存在するような状況となり，1次のモードの固有周期は次式で表される．

$$\left. \begin{array}{l} T = \dfrac{4\alpha l}{\sqrt{gh}} \\[6pt] \alpha = \left\{ 1 + \dfrac{4b}{\pi l}\left(0.9228 - \ln\dfrac{\pi b}{2l} \right) \right\}^{\frac{1}{2}} \end{array} \right\} \tag{3·138}$$

次に理想的な長方形の港湾で防波堤に開口部を有する場合の港内の強制振動についてイッペン（Ippen）と合田が解析解を得ていて，実験値ともかなりよい一致を示すことを明らかにしている．

港内の重複波の波高と港外の重複波の波高の比を波高増幅率 M で表すと，細長い港湾の場合で $2b/l = 0.2$ の場合には図3·51のようになるし，奥の浅い港湾の場合には図3·52のようになることを示している．d/b を小さくするほど，増幅率は大きくなり，常識とは異なっているが，これをマイルズらはハーバーパラドックスといっている．実際には，港口が狭くなると港口での波のエ

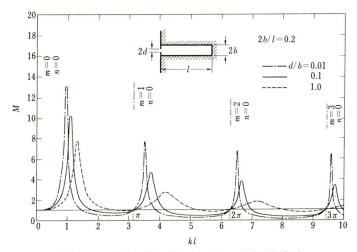

図3·51　細長い水路（$2b/l = 2.0$）の波高増幅率[32]

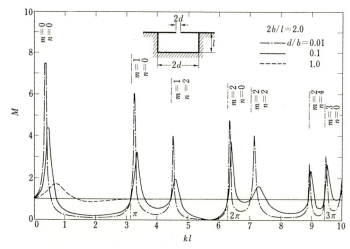

図 3·52　幅広い水路（$2b/l = 2.0$）の波高増幅率[32]

ネルギー損失が大きくなり，これほど増幅率は大きくならない．この港口におけるエネルギー散逸については村上らの研究に詳しく述べられている．

　以上，湾および港内の長周期波について述べてきたが，これは高潮や津波といった異常海象時には非常に重要であるし，また水域の狭い単純な形状の港湾や漁港にとっても重要な問題である．また，港湾浚渫に当たっても，この港内の副振動の性質を充分知っておく必要がある．

(3) 潮　　汐

　海面は1日に1回か2回ゆっくりとした昇降をくりかえしている．この現象を潮汐（tide）といい，主として太陽と月の引力に起因している．図3·53に示すように，海面が最高に上った状態を高潮（こうちょう）(high water) あるいは満潮といい，最も下った状態を低潮（ていちょう）(low water) あるいは干潮という．また低潮から高潮まで水位が上昇しつつある時を上げ潮，逆に高潮から低潮までの水位の下降している時を下げ潮といい，満潮および干潮時に海面の昇降が止まっている状態を停潮という．また，相次ぐ高潮と低潮の水位の差を潮差（tidal range）という．一般にこの潮汐現象は1日に2回の高潮と低潮があるが，場所や，時期によっては1日1回の高潮と低潮のこともあり，前者を1日2回潮，後者を1日1回潮といっている．また図3·53に示されているように1日2回潮の場合，

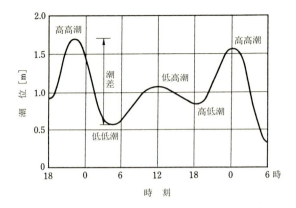

図3・53　1日2回潮の高潮と低潮

2回の高潮と低潮でそれぞれの高さが異なっているが，これを日潮不等とよんでいる．高潮のうち高い方を高高潮，低い方を低高潮という．また2回潮の場合，高潮から次の高潮あるいは低潮から次の低潮までの平均の時間は約12時間25分で，1日1回潮の場合は約24時間50分である．よって，高潮あるいは低潮の起こる時刻は1日に50分ずつ遅れていくことになる．

　潮汐は，主として太陽と月の引力によって海水が引きよせられて起こる現象であるが，これはニュートンの万有引力の法則にしたがう．月と地球間の引力は距離の2乗に反比例しているが，月は27.32日周期で公転しているので，その分の力を差し引いたものが潮汐を起こす力，すなわち起潮力である．月による地球表面上の起潮力は月と地球中心間の距離の3乗に反比例し，月の質量と地球の半径に比例する．太陽と地球の関係も同様であって，太陽の質量は月のそれの約3×10^7倍と大きいが，地球との距離は，月と地球間の距離の約400倍であるから，太陽の起潮力は月の起潮力の半分以下である．

　また，それ以外の天体の起潮力はきわめて小さく問題にはならない．月や太陽によって起こる潮汐を天文潮といい，台風によって発生する高潮（storm surge）のように異常気象によって生じる潮位の変動を気象潮といい，天文潮が計算による予測が可能であるのに対して，気象潮は突発的に発生する．

　天文潮の大きさは月と太陽と地球の位置関係によって異なる．図3・54に示すように，新月および満月の場合，太陽・月それに地球が直線上に並び，太陽と月の起潮力の和が作用するため起潮力は最大となり潮差も大きくなるが実際

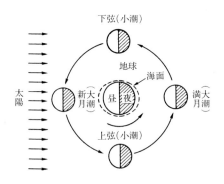

図 3·54 月齢と大潮・小潮

には海底の摩擦や海水運動の慣性によって,新月や満月の 1〜3 日後が最大の潮差となり,この時の潮汐を大潮といいその時の潮差を大潮差という.

また,上弦・下弦の日の 1〜3 日後の潮差が最小となり,小潮といい,その時の潮差を小潮差という.新月からの経過日数を月齢というが,潮差はこの月齢によって変化し,月の公転周期が 29.5 日であるから潮汐は約 15 日周期で変化することになる.海面の昇降を観測することを検潮といい,測定は検潮器を用いて行う.通常は自記記録になっていて,リシャール型,フース型それにケルビン型の自記検潮器が用いられ,気象庁や各港湾建設事務所等で測定が行われている.

潮差は海域によって大きく異なり,大潮差は我が国の日本海沿岸では 0.15〜0.25 m,太平洋沿岸では 1.0〜1.5 m,瀬戸内海では 2.0〜3.0 m である.我が国で潮差の最も大きい所は有明海で最大 4.6 m 近くなる.世界的に潮差の大きい所は,韓国の仁川から木浦にかけての海岸で仁川では大潮差 8.1 m,カナダ東岸のデービス海峡からファンデー (Fundy) 湾にかけて 4.2〜15.4 m でファンデー湾では大潮差が 15.4 m,英仏海峡では 4〜14 m で,イギリスのセヴァンで 11.5 m,フランスのサンマロ湾に流れこむランス河口では 11.4 m で,ここでは世界最初の大型の潮汐発電が行われている (2·6 参照).

天文潮は月と地球の自転・公転にともなって変化する.図 3·53 に示すように一見不規則にみえる潮位の変動も規則的な潮汐の和と考えることができ,個々の規則的な潮汐を分潮という.また実際に観測された潮位記録から上述した分潮を求めることを調和分解といい種々の周期,振幅および位相差をもつ分

潮の集まりが潮汐であるが，実用上は以下に示す四つの分潮が重要で，潮汐の持つ種々の性質（大潮，小潮それに日潮不等など）はこの四つの主要分潮で説明できる．

1）主太陰半日周期（M_2）：月の天球上の日周運動によって生じる主要な潮汐で，周期は約 12 時間 25 分である．

2）主太陽半日周潮（S_2）：太陽の天球上の日周運動によって生じる主要な潮汐で周期は約 12 時間である．

3）日月合成日周潮（K_1）：太陽の黄道上の平均的運行に対する月および太陽の相対的位置関係によって生じる潮汐で 23 時間 56 分の周期である．

4）主太陰日周潮（O_1）：月の天球上の日周運動によって生じる潮汐で，周期は 25 時間 49 分である．

上述した四つの主要な分潮のほかに 15 日，1 月，6 カ月，12 カ月といった長周期の分潮も存在するが，全体的にはその影響は小さいといえる．

潮汐は場所によって異なるが，それを予測するためには，求めようとする地点で長期間潮位の観測を行い，それを調和分解して，各分潮の振幅と位相のずれを求め，それにより予測を行う．現実には気象庁および海上保安庁が毎年発行している潮位表や潮汐表を用いると便利で，これには毎日の高潮位および低潮位が記され，その時刻も示されている．任意の時刻の潮位を求めるには相次ぐ高潮と低潮の間に余弦曲線（cosine curve）を当てはめて求めることができる．求め方は潮位表に示されている．潮位表や潮汐表には限られた地点の予報値しか示されていないが，その他の地点であっても，その近くの標準港の予報値を用い，潮汐改正表を用いて潮位を推算することが可能で，これも潮位表に計算法が示されている．

高低差を表すにはその高さの基準が重要になるが，我が国の陸上の高低の基準は東京湾中等潮位（T.P.）である．また海図は基本的には船舶の航行の目的のためであるから，基本水準面（D.L.または C.D.L.）を基準としている．この基本水準面はほぼ最低低潮面に相当していて，船舶の航行の安全性の面から決められている．我が国の潮位表や潮汐表それに海図に用いている基本水準面はインド大低潮面で，平均水面から主要四分潮の M_2，S_2，K_1，O_1 の振幅の和を差し引いた面である．この平均水面も変化していて，一般に 2 月から 4 月にかけて低下し，7 月から 9 月にかけて上昇し，その差は 15～30 cm あり，潮差の小さい日本海側では重要である．港湾や漁港などの設計や工事の基準高さ

を工事基準面というが，我が国では基本水準面を工事基準面とすることが義務づけられていて，これは前述したように船舶の安全性を考慮しているためである．

　潮位は常に変化しているし，また地域によって異なっている．ある地点の潮位は潮位表などを見ればわかるが，潮位変動に関する平均的な諸量を知ることは便利であり，次のような用語が用いられている．

1) 朔望平均干潮面（L.W.L.）と朔望平均満潮面（H.W.L.）：朔（新月）や望（満月）の日から5日間以内に現れる各日の最低干潮面と最高満潮面を平均した水面．
2) 大潮平均低潮面（L.W.O.S.T.），大潮平均高潮面（H.W.O.S.T.）：大潮における高潮と低潮をそれぞれ長年にわたって平均した水面．
3) 平均水面（M.S.L）：潮汐がないとした時の海面で，通常1年間の潮位を平均したもの．
4) 高極潮位（H.H.W.L.），低極潮位（L.L.W.L.）：その地域の過去最高あるいは過去最低の水位で，一般には津波や台風や低気圧に伴って起こる高潮によるものである．

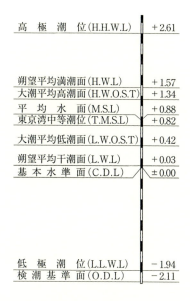

図 3・55　苫小牧港の水準面（観測期間：1967〜1999年）

90 3章 海 の 波

図3·55に北海道の苫小牧港における水準面図を示す．海岸や海洋構造物の設計に当たっては，設計潮位の決め方は非常に重要である．基本的には，構造物が最も危険となる潮位を採用するのが原則ではあるが，実際には目的によって使い分ける．例えば高潮対策用の構造物では，天端高の決定に当たっては越波量が問題となり，最大となる潮位を設計潮位とするが，構造物の安定計算においては，小さい潮位の方が危険となることになり，設計潮位を目的に応じて使い分けることになる．

(4) 高　　潮

前節でも述べたように，潮汐は正常な自然条件のもとでは，天文潮のみで，予測どおりの水位変動を示す．しかし台風や低気圧などによる強風や気圧の急激な変化などの気象異変で海面の高さが予測された水位より高まる現象を高潮（storm surge）といい，暴風津波ともよばれる．このような現象は熱帯性低気圧や発達した温帯性低気圧が主たる原因で起こり，ハリケーンによる米国のメキシコ湾岸や東岸，サイクロンによるベンガル湾沿岸，温帯性低気圧によるバルト海沿岸などで，たびたび発生し大きな被害を及ぼしている．表3·4は，我が国沿岸で発生した大きな高潮である．この表からも明らかなように，東京湾，大阪湾，伊勢湾といった大きな湾で高潮が発生していることになる．表中の最大偏差とは高潮時の潮位と推定される天文潮の差の最大であり，高潮により加算された潮位の最大値を意味する．近年，我が国で最も大きな被害をもたらした高潮は，1959年9月26日から27日にかけて紀伊半島に上陸した伊勢湾台風によるもので伊勢湾北部沿岸，知多湾沿岸それに渥美湾の北部沿岸に被

表3·4　日本沿岸の大きな高潮

年　月　日	場　　所	最大偏差 [m]	備　　考
1914　8　25	有　明　海	約 2.5	台　　　風
1917　10　1	東　京　湾	2.3	〃
1927　9　13	有　明　海	約 3.0	〃
1934　9　27	大　阪　湾	3.1	室　戸　台　風
1945　9　17	鹿　児　島　湾	約 2.0	枕　崎　台　風
1950　9　3	大　阪　湾	2.4	ジェーン台風
1959　9　26	伊　勢　湾	3.4	伊　勢　湾　台　風
1961　9　16	大　阪　湾	2.5	第2室戸台風

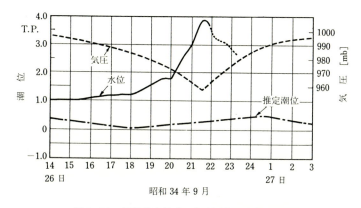

図 3・56　伊勢湾台風時の名古屋港の潮位と気圧

害を及ぼした．

特に名古屋市から桑名市にかけての海岸では堤防を 1 m も越える潮位となり，各地で堤防が欠壊し，広範囲に浸水した．この伊勢湾台風による被害は死者 4,697 名，行方不明 401 名，家屋全壊 38,921 戸，流出家屋 4,703 戸で高潮の恐ろしさを改めて国民に知らしめ，その後，堤防の復旧につとめるとともに大規模な防潮堤が伊勢湾に建設された．また，大阪湾・東京湾といった高潮の影響を受けやすい湾岸でも高潮対策事業が積極的に進められ，今日におよんでいる．図 3・56 に伊勢湾台風時の名古屋港の潮位記録を示す．図中の点線は推定潮位で，最大偏差は 26 日の 21 時 35 分の 3.45 m である．この時の台風の進路は図 3・57 であるが，台風の中心が最も近づいた時に最大の偏差を示して

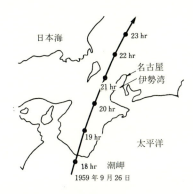

図 3・57　伊勢湾台風の通過経路と時刻

いる．また，ほぼこの時刻が名古屋で最低の気圧を示し，958 mb であった．台風は北半球においては，等圧線にある角度を持って左まきに中心に向かって吹き込むが，台風自体が時速数十 km で移動しているため，台風の進行方向に向かって左側半分は進行方向と風の向きが逆になるため風速は弱められ，右側半分は台風の進行方向と風の向きが同じであるため風は強くなる．以上のことから台風の左側は可航半円，右側は危険半円といい，伊勢湾台風の場合には図3・57 からも明らかなように，伊勢湾は危険半円の中に入っており，大きな高潮が発生した．

　高潮による潮位偏差の時間的変化は図 3・58 に示すように大きく三つの段階に分けられる．台風や低気圧が遠方の洋上にある時から潮位偏差は大きくなり始めるがこれを前駆波（forerunner）とよんでいる．次いで第2段階として，台風域内に入っている間で台風の中心が接近するにつれて急激に潮位偏差が増大し中心の通過とともに急激に潮位偏差が小さくなるがこの段階をいわゆる高潮（storm surge）とよんでいる．第3段階として，高潮による海面の大きなじょう乱による湾内あるいは港内の静振現象で変動しながらゆるやかに減少していくがこれを揺れもどし（resurgence）とよんでいる．図 3・56 に示す伊勢湾台風による名古屋港の潮位偏差の時間変化は，前駆波領域から高潮領域までの記録である．

　高潮は前にも述べたように，気圧低下に伴う水面上昇，風による吹寄せ，その他長周期波としての海底地形などによる変形など，多くの因子により水面上昇が起こる．高潮の予測あるいは計算にあっては次の事項が重要である．

　1）気圧低下による静的な吹上げ：　気圧が変化することによる水面の上昇・下降現象で，Δp だけ気圧が低下すると，その地域の海域はその周辺の気圧

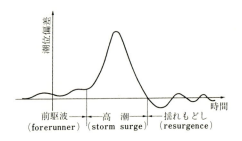

図 3・58　高潮による潮位偏差の時間変化の平均的パターン

低下のない海域に比べて水面が η だけ上昇する．この Δp [mb] と η [cm] の関係は次式で示される．

$$\eta_p = 0.991\Delta p \tag{3.139}$$

2）風による吹き寄せの水位上昇：　風下側が閉じられた水域がある時，そこに風が吹くと海面にせん断力 τ_s が作用し，海の表面近くでは風下側に流れが生じ，海底近くでは風上側に向かって流れる一種の循環流が発生し，海底にもせん断力 τ_b が作用する．この時の水面勾配 i は η を水面変動量，h を水深とする時，次式で示される．

$$i = \frac{\partial \eta}{\partial x} = \frac{\tau_s + \tau_b}{\rho g(h + \eta)} \fallingdotseq \frac{\tau_s + \tau_b}{\rho g h} \tag{3.140}$$

ここで，τ_s と τ_b の比 $\tau_b/\tau_s = \kappa$ とし，水面に作用するせん断力を式（3.141）で表すと，式（3.140）は式（3.142）のように変形される．γ_s は海面の抵抗係数，ρ_a は空気の密度，U は海面より 10 m 地点の風速である．

$$\tau_s = \gamma_s^2 \rho_a U^2 \tag{3.141}$$

$$\frac{\partial \eta}{\partial x} = \frac{(1+\kappa)\rho_a \gamma_s^2}{\rho g} \frac{U^2}{h} \tag{3.142}$$

これを x で積分し，フェッチを F とすると，吹寄せによる水位上昇量 η_s は次式で示される．

$$\eta_s = \frac{(1+\kappa)\rho_a \gamma_s^2}{\rho g} \frac{U^2 F}{h} \tag{3.143}$$

吹き寄せによる水位上昇量は，海面の摩擦係数，フェッチそれに風速の2乗にそれぞれ比例し，水深に逆比例することになる．式（3.143）を変形して式（3.144）に表したものがコールディング（Colding）の式とよばれるものである．

$$\eta_s = K \frac{(U\cos\theta)^2 F}{h} \tag{3.144}$$

ここで F, U, η_s, h をそれぞれ km, m/s, m, m 単位で表すと，コールディングがバルト海での観測より求めた K は $K = 4.8 \times 10^{-2}$ となる．式中の θ は海岸線の法線と風向とのなす角である．また式（3.141）の海面の抵抗係数 γ_s^2 は，我が国では Wilson が多くの研究者の研究成果をまとめて求めた，$(2.4 \pm 0.5) \times 10^{-3}$（$U > 6$ m/s）がよく用いられる．これに対して，最近の研究成果では，γ_s^2 は，風速 U が大きくなるにつれて大きくなるとの測定結果が示されている．

94 3章 海 の 波

　高潮の予報に際しては，ナヴィエ・ストークスの式に長波近似を用いて電子計算機を用いて数値計算を行う手法がここ 20 数年来急速に発展してきた．これとは別に，各地の高潮の観測結果をもとに最大偏差を求める実験式が得られていて次式で表される．

$$\overline{h} = a(1010-p)+bU^2\cos\theta+c \tag{3·145}$$

表 3·5　主要な地点における a,b の値（潮位表　気象庁）

地名	a	b	主風向	統計期間	資料個数	地名	a	b	主風向	統計期間	資料個数
稚　内	0.516	0.149	WNW	'60～'68	38**	淡　輪	2.552	0.004	SSW	'53～'60	8
網　走	1.296	0.036	NW	'61～'68	29**	大　阪	2.167	0.181	S6.3°E	'29～'53	28
花　吹	1.12	0.02	SE	'70～'79	38*	神　戸	2.330	0.114	S31.2°W	'26～'54	31
釧　路	1.316	0.016	SW	'54～'68	33***	洲　本	2.281	0.026	SSE	'50～'60	10
函　館	1.262	0.023	S	'55～'68	35**	宇　野	4.109	-0.167	ESE	'50～'60	8
八　戸	1.429	0.015	ENE	'57～'60	7	呉	3.730	0.026	E	'51～'56	4
宮　古	1.193	0.012	NNW	'58～'60	6	松　山	4.303	-0.082	SSE	'50～'56	7
鮎　川	1.346	0.020	SE	'45～'59	9	高　松	3.184	0.000	SE	'50～'60	9
銚　子	0.622	0.056	SSW	'51～'59	6	小松島	1.720	0.019	SE	'51～'60	10
布　良	1.935	0.012	SW	'57～'60	7	高　知	2.385	0.033	SSE	'50～'60	8
東　京	1.059	0.138	S7.0°E	'44～'60	13	土佐清水	1.428	0.022	S	'50～'57	10
伊　東	1.128	0.005	NE	'51～'66	30	宇和島	2.330	-0.012	SSE	'50～'56	7
内　浦	1.439	0.024	SW	'51～'66	29	油　津	1.005	0.036	SE		6
清水港	1.350	0.016	ENE	'51～'66	36	鹿児島	1.234	0.056	SSE		6
御前崎	1.324	0.024	NE	'51～'66	18	枕　崎	0.973	0.040	S		4
舞　阪	2.256	0.080	S	'51～'66	29	三　角	1.185	0.154	SSW		11
名古屋	1.674	0.165	SSE	'52～'55	11	女　神	1.175	0.054	WSW		6
鳥　羽	1.825	0.001	ESE	'50～'59	7	富　江	1.094	0.027	SE		5
浦　神	2.284	0.025	SE	'50～'61	6	下　関	1.231	0.033	ESE		10
串　本	1.490	0.036	S	'50～'60	10	浜　田	1.17	0.021	NNW	'50～'59	6
下　津	2.000	0.022	SSW	'34～'60	13	境	0.48	0.027	ENE	'50～'59	6
和歌山	2.608	0.003	SSW	'30～'60	12	宮　津	1.43	-0.014	NE	'50～'59	14

* ＋20cm 以上の資料を使用　　** ＋30cm 以上の資料を使用　　*** ＋35cm 以上の資料を使用

ここで，$\overline{h}$ は最大潮位偏差 [cm]，p は最低気圧 [mb]，U は最大風速 [m/s]，θ は主風向と最大風速 U の風向とのなす角（°），a，b，c は各地固有の定数である．各港の定数は表3·5に示される．式(3·145)の右辺第1項は式(3·139)に相当するもので，気圧低下に伴う吹上げの項，第2項は風による吹寄せの項に相当する．

演 習 問 題

1. 有義波の定義を述べ，それが海岸工学上でどのように使用されるか考察せよ．

2. 1時間ごとに観測した波の統計が海運，レクリエーションならびに漁業にどのように利用できるか，統計期間（1週，1年，10年以上）ごとに考察せよ．

3. 例題3·2（p.47）を次のように続けよ．12時に20 m/s，吹送距離200 kmであった風は18時に24 m/s.，吹送距離300 kmに変わり，それが24時まで続く．

4. 周期12.8秒，波高3 mの波が水深150 mの海域を進んでいる．この波は深水波であることを確認した後，線形理論で次の値を求めよ．
　　1）波速　　2）静水面における水平方向の最大水粒子速度波長　　3）静水面における水粒子の鉛直方向の平均位置からの最大変位

5. 深水波が砕波する限界の波形勾配（H_0/L_0）を線形理論から推定せよ．

6. 海底勾配が1/50の等深線が平行な海岸において，波高1 m，周期6秒の深水波が入射角 $\alpha_0 = 0°$ と20°の場合について，破波点での波高，水深，波速ならびに入射角を推定せよ．

7. アラスカ湾（147.7°W，61.1°N）で発生した津波が仙台（141.2°E，38.2°N）に到達するには何時間かかるか．ただし太平洋の平均水深を4000 m，地球を半径6370 kmの球とする．

8. 我が国における過去の大きな高潮災害を調べ，その特徴について述べよ．

海岸の流れ 4

■岩木川河口の水戸口（感潮狭水路）*）

4・1 流れの分類

　海では波と流れが混在して重なり合っている．波のなかでは海水が加速度運動をしており，水粒子速度は時々刻々変わっている．一方，流れも時間的にも空間的にも変動しているのが一般的である．したがって，海における流れを取り扱う場合は，どれくらいの広さで海水の動きをみて，どれくらいの時間スケールで海水の移動速度を判断するかが重要となる．海岸における流れを発生原因別に分類すると表4・1に示すようになる．

　海流（oceanic current）は大洋を循環している流れであり，海洋循環流とも呼ばれている．海流の主因は風，地球自転によるコリオリ力，などである．海流は大陸棚より沖の水深の深い海洋において重要な流れとなるが，港湾や海岸では他の流れが支配的であり，沿岸域においては現象に影響を及ぼす重要な流れとはならない．

---

*）国土交通省青森河川国道工事事務所提供

4·1 流れの分類 **97**

表 **4·1** 流れの分類

流 れ	流れと現象	発生領域	要　　因	摘　　要
海 流	暖流（黒潮） 寒流（親潮）	外洋	恒風，コリオリ力，外洋形状と大陸の分布位置	海洋において循環流を形成している．気象の長期予報に影響する流れである．
吹送流	吹送流	外洋，内湾沿岸	風	油の拡散に影響を与える．
潮 流	潮流 潮汐残差流	外洋 内湾	潮汐	内湾における物質拡散に影響を与える流れである．
密度流	内湾循環流 塩水くさび 河口密度流	内湾 河口部	水温差 塩分濃度差 河川水	湾内の水温分布など物質拡散の予測に必要な流れである．
海浜流	質量輸送流れ 離岸流 沿岸流	砕波帯内外	波 ラジエーションストレス	漂砂，海浜変形を支配する流れである．

　吹送流（wind driven current）は海面上を風が吹くことによって発生する流れである．内湾や閉鎖性の海域では吹送流が長く続いたとき，風下側沿岸部で下降流，風上側沿岸部で上昇流が発生して上層と下層の海水が交換する鉛直循環流が発生することがある．この循環流は下層の海水が無酸素状態であれば魚類の大量死につながる流れとなる．潮流（tidal current）は潮汐流とも呼ばれ，その主因は潮汐である．すなわち，潮流は潮汐の干満に伴う水平方向の海水の移動により生ずる流れである．

　内湾と外洋，外洋と外洋を結ぶ海峡内では高潮時および低潮時に潮流は強い流れとなる．これは，内湾と外洋，あるいは外洋と外洋で異なる水位上昇高となるために海峡内で比較的大きな水面勾配が生じるためである．

　密度流（density current）は水温や塩分濃度が異なることにより海水間に密度差が生じることにより発生する流れである．河口における塩水くさび，湾内における海水の水平および鉛直循環，温水拡散，廃水拡散，等に関係する流れである．

　海浜流（nearshore current）は海岸に波が入射することによって砕波帯付近に発生する流れであり，海岸における重要な流れである．

4・2 海　流

日本近海を流れる海流 (oceanic current) には，図 4・1 に示すように，黒潮（または日本海流，暖流），親潮（または千島海流，寒流），対馬海流（黒潮の分岐流，暖流）などがある．日本近海の海流は太平洋を循環している海流の一

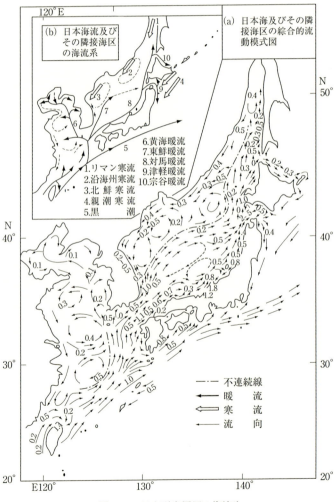

図 4・1 日本列島周辺の海流[1]

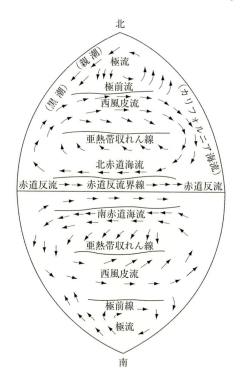

図4・2 海洋表面水平海流模式図[2]

部をなしているものであり，それは図4・2に示した海流模式図に良く示されている．

　図4・2はクレメル (Krümel, O.)[2]の海流模式図であり，彼は仮想海洋を用いて実際の海流の概略を模式的に示した．北半球の海洋では低緯度において西向きの貿易風があり，これにより北赤道海流がユーラシア大陸に向けて西向きに生じ，中緯度においては東向きの偏西風によりアメリカ大陸に向けて東向きの太平洋海流が生じ，時計回りの海洋循環流が形成されている．

　一方，南半球では反時計回りの循環流となっている．さらに高緯度においては極流が生じ，北半球では半時計回り，また南半球では時計回りの循環流が形成されており，日本近海の親潮がこの循環流の一部となって北から南に向かって流れている．

　黒潮は西向きの北赤道海流から東向きの西風皮流（太平洋海流）へつながる暖流で，台湾の南，フィリピン北東に源を発し，一部は対馬海峡を抜けて対馬

暖流となるが，主流は中国東海，沖縄西，九州南西部，四国沖，潮岬沖を通過して，房総沖を通った後，流向を東方に変える．黒潮の流速は0.5〜2.0 m/s，幅は150〜300 km，厚さは200〜400 m程度であるが，潮岬沖では速く，深い流れとなり，流速1.5〜2.0 m/s，厚さ700 m，幅200 kmとなる．

親潮はベーリング海，オホーツク海から南下する寒流であり，千島近海，北海道太平洋岸，三陸沖を通る冷たい海水の海流で，流速が0.15〜0.5 m/s，厚さが200〜400 m程度である．親潮は栄養塩類を多く含み，プランクトンが豊富であるため魚族が多い．

対馬暖流は日本海で最も顕著な海流であり，この暖流は黒潮の分岐流に源を発し，朝鮮西岸を通過し，日本海において発達して，津軽海峡と宗谷海峡から太平洋に流出する．

海流の大きさと向きは年中ほぼ一定であると考えられているが，厳密には定常にはなっていない．黒潮の場合，流軸は不安定で年および季節的な変動を繰り返しており，明確な周期性はみられず，むしろ不規則な変動に近い変化を示している．

4·3 潮 流

潮汐の干満に伴い海水位が上下変動するが，これに伴い海水も水平方向に移動する．この流れを潮流（tidal current）と呼んでいる．潮流は潮汐に対応した変動を生じ，潮汐と潮流は密接な関連がある．潮位は一日周期で変動する時期と半日周期で変動する時期があり，これに伴い潮流も同じ変動を繰り返している．半日周期が卓越しているときには一日に4回流れる方向が変化する．これを転流（turn of tide）と呼んでいる．転流のとき，流速が反転するので流れはほとんど生じない．この転流時の状態を憩流（slack water）と呼んでいる．

海峡や海岸付近の潮流は半日周期または一日周期が卓越して往復流となり，4回または2回の転流が現れる．しかし，海岸から遠く離れた沖合いにおいては潮流の流向流速は連続的に変化し憩流を生じない．図4·3は水深50 mの沖合いにおける実測流速をベクトルで表し，その先端を結んだものであり，図の合成流が実測流速に対応しており，図に示すようにこの地点では憩流は生じていない．

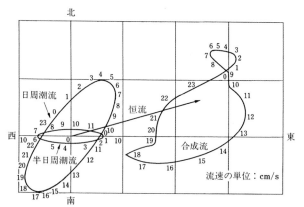

図 4・3 一般海域における潮流楕円
（苫小牧海岸，水深：50 m，測定点：海底上 20 m）
（昭和 42 年 1 月 25 日 0 時 00 分を太陰時 0 時とする）
（北海道開発局土木試験所，1970）[3]

　ベクトルの先端の軌道はある点を中心にした二つの長円上を一周している．この長円を潮流楕円（current ellipse）という．合成流の中心点が 0 点から離れているのは潮流以外による流れを表しており，中心点までのベクトルは恒流ベクトルとなる．この実測流速から半日周期および一日周期の流速成分を調和分析により取り出すと図に示すように半日周潮流，日周潮流の潮流楕円となる．

　潮流の流速は一般には表層で大きく，底層で小さくなる傾向にあり，鉛直方向には単純な一様分布にはならない．潮流の鉛直構造は地形の影響も受けており複雑である．しかし，潮流の周期が通常の波浪の周期に比べて非常に長いことを考えれば長波としての取り扱いが可能となる．このとき，流れの基礎式は水深方向に平均化した 2 次元水平運動として表される．

　一方，海底地形が複雑になれば，流速の鉛直分布も複雑になり，鉛直方向の水粒子運動も無視できなくなり，現象は 3 次元運動として表されなければならない．

　潮流を周期の長い波動運動と考えれば長波近似が成り立ち，速度分布は鉛直方向に一様となり，連続の式および運動量保存式は水深方向に平均化され，それらは潮流の基礎式として次式のように与えることができる．

$$\frac{\partial \zeta}{\partial t} + \frac{\partial Hu}{\partial x} + \frac{\partial Hv}{\partial y} = 0 \tag{4·1}$$

ここに，$H = h + \zeta$

$$\frac{\partial u}{\partial t} + u\frac{\partial u}{\partial x} + v\frac{\partial u}{\partial y} = -g\frac{\partial \zeta}{\partial x} + fv - B_f u + A_h\left(\frac{\partial^2 u}{\partial x^2} + \frac{\partial^2 u}{\partial y^2}\right) \tag{4·2}$$

$$\frac{\partial v}{\partial t} + u\frac{\partial v}{\partial x} + v\frac{\partial v}{\partial y} = -g\frac{\partial \zeta}{\partial y} - fu - B_f u + A_h\left(\frac{\partial^2 v}{\partial x^2} + \frac{\partial^2 v}{\partial y^2}\right) \tag{4·3}$$

ここに，$B_f = \dfrac{(u^2+v^2)^{1/2}}{(\xi+h)C^2}, \quad C = \dfrac{1}{n}h^{1/6}$

f：コリオリ係数（$= 2\omega\sin\phi$），ω：地球の自転角速度，ϕ：緯度，A_h：渦動粘性係数，h：平均水深，ζ：潮位で平均水面からの鉛直変位，n：マニングの粗度係数，x, y：水平面内にそれぞれ東向きおよび西向きにとった座標軸．

式（4·1）は連続の式，式（4·2），（4·3）は運動の式であり，式（4·2），（4·3）右辺第1項は水面勾配，第2項はコリオリ力，第3項は底面摩擦，第4項は渦粘性の項である．

津軽海峡内の流れは，太平洋と日本海の潮位により支配されている．海水位は太平洋側を八戸港，日本海側が深浦港の潮位で表せるものとすると図 4·4 のようになる．日本海の潮位は干満差が太平洋より小さいため，平均水位が太平洋側よりおおよそ 20 cm ほど高くなっていても，満潮時には太平洋側よりも海水位が低くなる．

このような水位差により，干潮時には津軽海峡を抜ける海流となるが，満潮

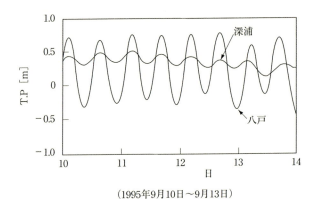

(1995年9月10日～9月13日)

図 4·4 太平洋と日本海の潮位

時には太平洋から日本海に向かう逆流の流れとなる．津軽海峡内は，図4・1に示した単純な流れだけでなく，潮流の影響により，転流，憩流もあり，逆流もある．

4・4 吹 送 流

風が海面上を吹くとき，海面にせん断力が働くために海水が風下側に吹送され，吹送流（wind driven current）が発生する．北半球においては，海水はコリオリ力のために風の方向より右側に偏りながら移動する．エクマン（Ekman）は，定常状態の吹送流においては鉛直方向の速度勾配とコリオリ力が釣り合うものとして理論解を導き，次式 (4・4) のように吹送流の速度分布を与えている．

$$u = V_o e^{-\frac{\pi z}{D}} \sin\left(\frac{\pi}{4} + \frac{\pi z}{D}\right)$$
$$v = V_o e^{-\frac{\pi z}{D}} \cos\left(\frac{\pi}{4} + \frac{\pi z}{D}\right)$$
(4・4)

ここに，y：風下方向の座標，x：風下右直角方向の座標，z：水面から鉛直下向きの座標，u, v：流速の x, y 成分，D：摩擦深度 $= \pi\sqrt{\varepsilon/\rho\omega\sin\phi}$，$\varepsilon$：海中の渦粘性係数，$\omega$：地球自転角速度，$\phi$：緯度，$V_o = \tau/\sqrt{2\varepsilon\rho\omega\sin\phi}$，$\tau$：風による海面上の水平応力，$\rho$：海水密度

摩擦深度 D の算定には通常次式が用いられる．

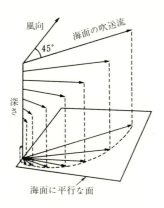

図 4・5 エクマンらせん

$$D = \frac{7.6}{\sqrt{\sin\phi}} U \quad (U > 6 \text{ m/s})$$

$$D = \frac{3.67}{\sqrt{\sin\phi}} U^{3/2} \quad (U < 6 \text{ m/s})$$

$$(4 \cdot 5)$$

ここに，U：風速.

　式（4・4）を用いて速度ベクトルを図示すると図4・5のようになる. 吹送流の流れの方向はらせん状に右に偏っており，摩擦深度の深さになると流れの方向が海面における流向と逆向きになる.

　ここに，摩擦深度とは流れの方向が海面上の流向と逆向きになる深さのことをいう. また，海面から摩擦深度までの層をエクマン層と呼び，図4・5のような速度分布になる流れの鉛直構造をエクマンらせんと呼ぶ.

4·5 海 浜 流

（1）海浜流を構成する流れ

　海浜流（nearshore current）は砕波帯付近に生ずる流れであって，海岸への波の入射に伴い発生する. したがって，波がなくなると海浜流も消滅する. 海浜流は海水浴中の溺死や海浜変形，海岸における物質の移流拡散に係わる重要な流れである. それでは海浜流はどのような流れからなるのか，また，それらはどのような流れなのか. これまでの海浜流の観測例をまとめると次のようになる. 海浜流は，波による質量輸送（mass transport），それが発達した岸向きの流れで向岸流（shoreward current），岸に沿って流れる沿岸流（longshore current），沿岸流から離岸流に移る部分の流れで養離岸流（feeder current），沖に向かって流れる離岸流（rip current），そして離岸流からなぎさ（汀）線方向に広がる流れで離岸流頭（rip head）よりなる（Shepard and Inman (1950)[4]，McKenzie (1958)[5]）. なかでも，質量輸送・向岸流，沿岸流，離岸流は海浜流を構成する重要な流れである. 向岸流により岸に運ばれた海水は沿岸流により岸に沿うように平行に輸送されるがやがては離岸流により沖に運ばれる. 簡単に，波によって砕波帯内に運ばれた海水が砕波帯の外へ帰って行く現象が海浜流であるといえる. 海浜流は海浜で循環流を形成しているので海浜循環流とも呼ばれる.

　波が直角入射から斜め入射に変わると，沿岸流と離岸流からなる蛇行性の海

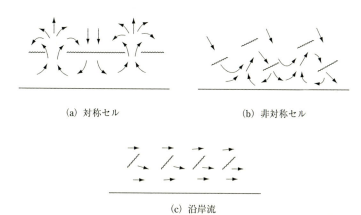

図 4・6　海浜流のタイプ[7]

浜流がみられ (Sonu, 1972)[6]，さらに斜めの入射波になると離岸流は発生せずに沿岸流だけとなる．Harris (1969)[7]によると，海浜流のタイプは図 4・6 に示すように三つに分類され，生起頻度は (a) 対称セル循環が 38 %，(b) 非対称セル循環が 52 %，(c) 沿岸システムが 10 % となる．

円弧状，半円形に近い曲線状の海岸では大規模な海浜循環流がみられる[8]．この場合，沿岸システムの沿岸流は大規模な循環流の一部をなす流れとなっている．

(2) 流れの場の特徴

波による質量輸送が海浜流に係わっているのでこの流れのタイムスケールは少なくとも波の周期以上でなければならない．海浜流による物質の輸送かどうかの判定は波の数周期間の時間平均が意味ある値になっているかどうかによる．すなわち，海浜流は，時々刻々変わる水粒子の動きから判断するようなものでなく，時間平均して物質の移動現象を見るものである．この点，海浜流は抽象的で捕らえにくい流れである．図 4・7(a)，(b) は離岸流中央，沖方向の位置が砕波水深の 1.22 倍沖，深さ方向の位置が水深の半分の点における実流速 (図 4・7(a)) とその移動平均値 (図 4・7(b)) を示しており，沖方向が正になっている．図 4・7(a) より流れは波とともに変動しているがどちらかというと正の側にシフトされており，この平均をとると沖向きの流れが明確に現れ，海浜流の前述の性格が良く理解できる．

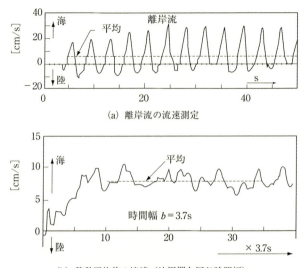

(a) 離岸流の流速測定

(b) 移動平均後の流速（波周期と同じ時間幅）

図 4・7 離岸流の観測[9]

さらに海浜流は水深方向に平均して考えるのが一般的である．厳密には海浜流は3次元的な現象を示しているが，砕波点近傍や大水深域を除けば水深方向に平均して2次元平面的な流れとして捉えて良い．図4・8は砕波点近くの離岸流と向岸流の鉛直分布を示したもので，離岸流の表層では岸向きの流れが出ており，一方，向岸流の中では中層から表層にかけて強い岸向きの流れが発生している．これは砕波点では波による質量輸送が砕波により助長されるために上層で強い岸向きの流れが重なっているからである．図4・9は砕波帯外の離岸流を示したもので，流速は水深方向に一様な分布となっており，現地海浜においても離岸流は鉛直方向に一様な分布[7]となっていることが観測されている．

海浜流の速度場は波と流れの共存場であり，流速 u は平均流 u_c，波の軌道速度 u_w および乱れの速度 u_t の3つに分割して式（4・6）に示すように表すことができる．

$$u = u_c + u_w + u_t \tag{4・6}$$

ここに，u_c は図4・7(b)に示した流速であり，u_w は図4・7(a)に示した流速から u_c を引いた残りの周期的に変動する流速に相当する．乱れ速度は開水路や管水路流れでは壁面に近いほど大きくなるが，海浜流の場における乱れ強度の分布はそれと異なり，壁面近傍よりは流体の内部で大きくなる．波・流れ共存

4・5 海浜流

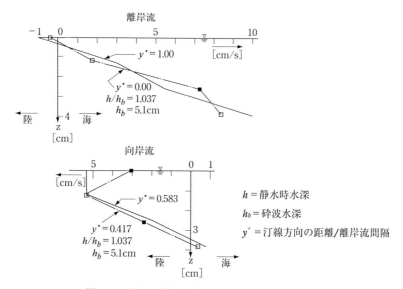

図 4・8 破砕点付近の海浜流の鉛直分布[9]

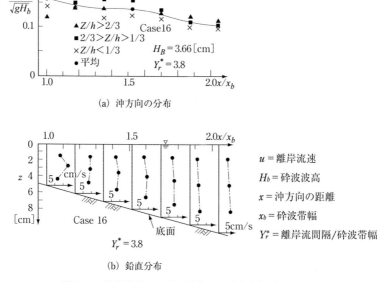

(a) 沖方向の分布

(b) 鉛直分布

図 4・9 破砕帯外における離岸流の速度分布[10]

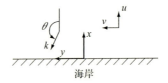

図 4・10 座 標 系

場では波が乱れを誘起する[7].

海浜流を水深方向に平均化した量で見るとき,この速度場の未知量は七つとなる.すなわち,海浜流の場は波と流れが重なり合っており,波も流れの影響を受けて波の波数成分 (k_x, k_y), 周波数 ω, 波高 H が変化する.したがって,海浜流の流れの場ではこれら波の諸量四つに加え,流れの成分 (u, v) および平均水位 ζ の三つが加わり合計七つが未知量となる.いま,流れとの相互干渉による波の変化は小さく省略できるものとする.このとき,図 4・10 に示すように,静水時の水深を h,沖方向に距離 x,沿岸方向に距離 y をとり,x および y 方向の速度を u および v とすると,海浜流は次式により表される.

$$\frac{\partial \zeta}{\partial t}+\frac{\partial}{\partial x}(du)+\frac{\partial}{\partial y}(dv)=0, \quad d=h+\zeta \tag{4・7}$$

$$\frac{\partial(du)}{\partial t}+u\frac{\partial(du)}{\partial x}+v\frac{\partial(du)}{\partial y}+gd\frac{\partial \zeta}{\partial x}+R_x+T_x+F_x=0 \tag{4・8}$$

$$\frac{\partial(dv)}{\partial t}+u\frac{\partial(dv)}{\partial x}+v\frac{\partial(dv)}{\partial y}+gd\frac{\partial \zeta}{\partial y}+R_y+T_y+F_y=0 \tag{4・9}$$

上式 (4・7) は質量保存則,式 (4・8),(4・9) は x および y 方向の運動方程式であり,これらの3式が海浜流の基礎方程式となる.ここで,g は重力加速度,R_x および R_y はラディエーションストレス (radiation stress) 項,T_x および T_y は乱れに起因する応力項,F_x および F_y は摩擦項である.R_x および R_y は波に起因する応力項で,ロンゲット ヒギンス・スチュアート (Longuet-Higgins & Stewart)[11] により導入されたラディエーションストレス S_{xx}, S_{xy} および S_{yy} を用いて次式 (4・10) で与えられる.

$$\begin{aligned} R_x &= \frac{1}{\rho}\left(\frac{\partial S_{xx}}{\partial x}+\frac{\partial S_{xy}}{\partial y}\right) \\ R_y &= \frac{1}{\rho}\left(\frac{\partial S_{yx}}{\partial x}+\frac{\partial S_{yy}}{\partial y}\right) \end{aligned} \tag{4・10}$$

ここで,

$$S_{xx} = E\left(n\cos^2\theta + n - \frac{1}{2}\right)$$

$$S_{xy} = S_{yx} = nE\cos\theta\sin\theta \tag{4·11}$$

$$S_{yy} = E\left(n\sin^2\theta + n - \frac{1}{2}\right)$$

$$n = \frac{C_g}{C} = \frac{1}{2}\left(1 + \frac{2kd}{\sinh 2kd}\right) \tag{4·12}$$

$$E = \frac{1}{8}\rho g H^2 \tag{4·13}$$

ここに，ρ は流体密度，C_g は群速度，C は波速，E は単位面積当たりの波の全エネルギーである．n は深海域で $n = 1/2$，浅海域では群速度と波速が等しくなり $n = 1$ となる．

T_x および T_y はレイノルズストレスを用いて次式（4·14）で与えられる．

$$\begin{aligned} T_x &= -\frac{\partial}{\partial x}\{d(-u_t u_t)\} - \frac{\partial}{\partial y}\{d(-u_t v_t)\} \\ T_y &= -\frac{\partial}{\partial x}\{d(-u_t v_t)\} - \frac{\partial}{\partial y}\{d(-v_t v_t)\} \end{aligned} \tag{4·14}$$

底面と水面に働く摩擦応力および風応力の x，y 成分をそれぞれ τ_{hx} および τ_{hy}，$\tau_{\zeta x}$ および $\tau_{\zeta y}$ とするとき，摩擦項 F_x および F_y は式（4·15）で与えられる．

$$\begin{aligned} F_x &= \frac{\tau_{hx}}{\rho} - \frac{\tau_{\zeta x}}{\rho} \\ F_y &= \frac{\tau_{hy}}{\rho} - \frac{\tau_{\zeta y}}{\rho} \end{aligned} \tag{4·15}$$

風の影響が少ない場合は式（4·15）の右辺第2項は省略され，右辺第1項底面摩擦だけが残る．

平均水位の低下や上昇は海浜流が発生していなくても波だけで生じる．そこで，平均水位の位置 ζ を波だけによる平均水位上昇高 ζ_0 と流れの発生に伴い生じた上昇高 ζ_1 に分けて次式（4·16）のように与える．

$$\zeta = \zeta_0 + \zeta_1 \tag{4·16}$$

波が海岸に直角に入射し，流れの発生がない場合，$u = v = 0$，$\partial(\ )/\partial y = 0$ となるので，基礎方程式中，式（4·8）の左辺第4項および第5項だけが残り，式（4·16）を用いると ζ_0 は次式（4·17）で与えられる．

$$g\frac{d\zeta_0}{dx} = -\frac{1}{\rho(h+\zeta_0)}\frac{dS_{xx}}{dx} \tag{4·17}$$

砕波帯の外では波のエネルギー束 EC_g が $EC_g = $ 一定となるので，水位上昇高

110 4章 海岸の流れ

ζ_0 は次式（4·18）で与えられる．

$$\zeta_0 = -\frac{1}{8}\frac{H^2 k}{\sinh 2kh} \tag{4·18}$$

これはロンゲット ヒギンスとスチュアート[12]が最初に導いたものである．負号がついているのは水位が低下することを意味しており，これが砕波帯外の平均海面低下（wave set-down）である．

また，砕波帯内では，波高は比例定数 γ を用いて水深に比例するように次式（4·19）で与えることができる．

$$H = \gamma(h + \zeta_0) \tag{4·19}$$

浅海域におけるラディエーションストレスは

$$S_{xx} = \frac{3}{2}E = \frac{3}{16}\rho g H^2$$

と表されるので，砕波帯内の平均水位は次式（4·20）で与えられる．

$$\frac{d\zeta_0}{dx} = -K\frac{dh}{dx}, \qquad K = \frac{3\gamma^2}{3\gamma^2 + 8} \tag{4·20}$$

砕波点における平均水位変化を ζ_b，砕波水深を h_b とすることにより，水位上昇高（wave set-up）は次式（4·21）で与えられる．

$$\zeta_0 = K(h_b - h) + \zeta_b \tag{4·21}$$

ボーウェン・インマン・サイモンズ（Bowen・Inman・Simons）[13]は実験により砕波帯外の平均海面低下，砕波帯内の平均海面上昇が，それぞれ式（4·18）および（4·21）で与えられることを明らかにしている．

（3）沿 岸 流

沿岸流だけが発生し，定常に達している状態を考える．また，風はなく，流れの場では底面摩擦だけが効いており無視できないものとする．このとき，非線形項等微小量を省略すると次のように書ける．

$$g\frac{\partial \zeta}{\partial x} + \frac{1}{\rho d}\frac{\partial S_{xx}}{\partial x} = 0 \tag{4·22}$$

$$\frac{1}{\rho}\frac{\partial S_{yx}}{\partial x} - \frac{\partial}{\partial x}\{d(-u_t v_t)\} + \frac{\tau_{hy}}{\rho} = 0 \tag{4·23}$$

式（4·22）より，前節で示した波による平均海面上昇高 ζ_0 が求まる．式（4·23）のラディエーションストレス，渦粘性，底面摩擦項の与え方により，ボーウェン（Bowen）[14]，ロンゲット ヒギンス（Longuet-Higgins）[15,16]，ニコラス・佐々

木[17]などの理論が成立する.

ロンゲットヒギンス[15,16]は式（4·23）より次のようにして沿岸流速を求めている. 砕波帯内では $\cos\theta$ は $\cos\theta \approx 1$ とおけるものとすれば，$\sin\theta/C = $ 一定なる関係を用いることにより，ラディエーションストレス項は次式のように与えられる.

$$\frac{\partial S_{yx}}{\partial x} = \frac{\sin\theta}{C}\frac{\partial(EC_g)}{\partial x} = \frac{5}{16}\rho g\gamma^2 sh^{3/2}\frac{\sin\theta_b}{\sqrt{gh_b}}, \qquad s = \frac{\partial h}{\partial x} \tag{4·24}$$

ここに，θ_b は砕波点における入射角である. 次に，渦粘性項を次のように与える.

$$\frac{\partial}{\partial}\{d(-u_t v_t)\} = \frac{\partial}{\partial x}\left(\mu_e h\frac{\partial v}{\partial x}\right), \qquad \mu_e = Nx\sqrt{gh} \tag{4·25}$$

ここに，N は定数で，$0 < N < 0.016$ の範囲にある. 最後に底面摩擦は次のように与えられる.

$$\tau_{hy} = C\rho|v|v = \rho\frac{1}{\pi}\gamma C\sqrt{gh} \tag{4·26}$$

ここで，次に示す無次元量を導入する.

$$X = x/x_b, \qquad V = v/v_b, \qquad v_b = \frac{5\pi}{16}\frac{\pi}{C}\sqrt{gh_b}s\sin\theta_b \tag{4·27}$$

よって，式（4·25）は次のようになる.

$$P\frac{\partial}{\partial X}\left(X^{5/2}\frac{\partial V}{\partial X}\right) - X^{1/2}V = \begin{cases} -X^{3/2} & ;砕波帯内 \\ \\ 0 & ;砕波帯外 \end{cases} \tag{4·28}$$

ここに，$P = \dfrac{\pi sN}{\gamma}$ \qquad (4·29)

上式より，現象を支配するパラメータは P となる. P は水平混合と底面摩擦との相対的な比を示すパラメータである. 境界条件，$X=0$ および $X\to\infty$ にて $V=0$，$X=1$ にて V と $\partial V/\partial x$ の連続を満足するように解を構成すると沿岸流は次のようになる.

$P \neq \dfrac{2}{5}$ の場合

$$V = \begin{cases} B_1 X^{p_1} + AX & 0 < X < 1 \\ B_2 X^{p_2} & 1 < X < \infty \end{cases} \tag{4·30}$$

ここに，A, B_1, B_2, p_1 および p_2 は P によって決まる定数であり，それらは次式で与えられる．

$$A = \left(1 - \frac{5}{2}P\right)^{-1}, \quad B_1 = \frac{p_2 - 1}{p_1 - p_2}, \quad B_2 = \frac{p_1 - 1}{p_1 - p_2}$$
$$p_1 = -\frac{3}{4} + \left(\frac{9}{16} + \frac{1}{P}\right)^{\frac{1}{2}}, \quad p_2 = -\frac{3}{4} - \left(\frac{9}{16} + \frac{1}{P}\right)^{\frac{1}{2}} \quad (4\cdot31)$$

$P = \dfrac{2}{5}$ の場合

$$V = \begin{cases} \dfrac{10}{49}X - \dfrac{5}{7}X \ln X & 0 < X < 1 \quad \text{砕波帯内} \\ \dfrac{10}{49}X^{-\frac{5}{2}} & 1 < X < \infty \quad \text{砕波帯外} \end{cases} \quad (4\cdot32)$$

図4・11はロンゲット ヒギンスの解による沿岸流の流速分布を示したものである．水平混合が底面摩擦に比べて大きいと P の値は大きくなる．P が大きいと速度分布が平坦になり，最大流速地点は汀線側に近寄り，P が小さく，底面摩擦が支配的になると最大流速地点は砕波点に近くなる．ロンゲット ヒギンスはこの速度分布をガルビン・イーグルソン（Galvin & Eaglson）[18]の実験値と比較した結果，P の値は 0.1～0.4 が良いとしている．彼以外にも，その後，式（4・30），（4・32）と実験や現地観測との比較によりパラメータ P の検討が行われているが，実験値は P の値の小さめの方が良く，現地観測値は P の大き目な値の方が良く合う傾向にある．

ニコラス・佐々木（1978）[17]はロンゲット ヒギンスの取り扱いをさらに合理

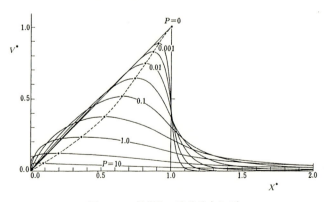

図4・11　沿岸流の流速分布[11, 12]

的にしている．すなわち，彼らは砕波帯内における入射角の仮定をなくし，渦粘性および砕波帯外の波高分布についてはより合理的な表現を採用し理論解を導くことにより，流れの場では砕波点における入射角と P が現象を支配するパラメータであり，同じ P の速度場でも，流速の最大地点は入射角の大きさに応じて変わることを明らかにしている．ニコラス・佐々木は，$P>1/7$ の場合には入射角が大きくなると最大流速発生地点が砕波点に近づき，$P<1/7$ の場合には，逆に，入射角の増大とともに最大流速地点の位置は岸側に移動していくことを示している．彼らは，$P<1/7$ の速度分布がガルビン・イーグルソンの実験と良く合うが，P の大きい値は堀川・佐々木（1974）[19] の現地観測に良く合うこと，現地と室内実験の速度場ではレイノルズ数に違いがあることから，$P>1/7$ の場合は現地の乱流状態の速度場に対応しており，$P<1/7$ の場合は室内実験の乱流速度場に対応していることを示している．

（4）離 岸 流

　海岸に波が進入すると波による質量輸送（mass transport）が生じ海水は波の進行方向，すなわち岸に運ばれる．この質量輸送により砕波帯内に運ばれた海水は海底勾配が急であれば下層を戻り流れとなって沖に向かい砕波帯外へ戻るが，海底勾配が緩やかな海岸では戻り流れは発生せずにある間隔をおいて沖向きに流出し，離岸流（rip current）にのって砕波帯外へ戻る．

　離岸流により沖に輸送された海水は広がってキノコ雲のような離岸流頭（rip head）となり沿岸方向に広がっていく．そして，再び海水は質量輸送によって岸向きに輸送され，一つの閉じた系（セル）をなす循環流を形成する．直角入射に近い波の進入により離岸流が発生しているときは一つの閉じたセル構造をなす海浜循環流が形成される．この循環流が発生しているとき，離岸流間中央の砕波点近傍では質量輸送から明らかな向岸流（shoreward current）に発達，成長している．

　離岸流は比較的緩やかな海底勾配の海岸で発生しやすいが緩すぎても発生しない．周期性の強いうねりのような波が直角に進入してきたときには強い離岸流となって発生する．離岸流の発生間隔は時化のときは大きく，波が小さければ発生間隔も小さい．離岸流は一般に波が大きければ強く，小さければ弱い流れとなる．実際の海浜では，新潟海岸で200〜300 m程度，湘南海岸では80〜150 m，九十九里海岸では300 m程度の間隔で観測されている．離岸流は多種

114 4章 海岸の流れ

多様であるが比較的速い流れになる場合があり，大きい波の入射で，発生間隔が大きい場合には流速が2m/s程度にもなる．

堀川・佐々木ら[19,20]は，既存の離岸流観測結果をまとめた結果，データは海底勾配 s が $1/7 \geq s \geq 1/85$，砕波波高 H_b が $0.2\,\mathrm{m} \leq H_b \leq 4.1\,\mathrm{m}$，入射波周期 T が $2.8\,s \leq T \leq 14.2\,s$ の範囲にあり，このような地形と入射波における離岸流の発生間隔 Y_r と離岸流の長さ X_r には次の関係が見出されるとしている．離岸流の発生間隔 Y_r は砕波帯の幅 X_b で決まり，無次元離岸流発生間隔 $Y_r{}^* = Y_r/X_b$ は次式（4·33）で表される．

$$Y_r^* = 1.5 \sim 8.0, \qquad Y_r^* = \frac{Y_r}{X_b} \tag{4·33}$$

また，離岸流の長さ X_r と X_b の関係にはデータのばらつきが見られるが平均的には次式（4·34）で表される．

$$X_r = (1.7 \sim 1.8) X_b \tag{4·34}$$

離岸流の発生間隔は式(4·33)に示す範囲にあり，精度の良い関係式といえる．離岸流はかなりの沖までに達するので，離岸流の長さを与える式（4·34）は小さ目の離岸流長を与える傾向にある．

ボーウェン（Bowen）[21]は波が汀線に直角に入射する場合に発生する海浜流を理論的に取り扱い，離岸流，向岸流，沿岸流が海浜流の一部をなして閉じたセル構造の循環流を形成していることを初めて理論的に示した．彼は線形解を示したもので次のように導いている．波は汀線に直角に入射しており，海浜流は定常に達しており，流れは式（4·7），（4·8），（4·9）の基礎方程式により表される．いま，非線形項を省略し，抵抗項として渦粘性を無視し，底面摩擦だけを考慮する．連続の式は輸送流れ関数 ψ

$$\frac{\partial \psi}{\partial x} = v(\zeta + h), \qquad \frac{\partial \psi}{\partial y} = -u(\zeta + h) \tag{4·35}$$

を導入することにより満足される．砕波帯内の波高は平均水深 $(\zeta + h)$ に比例し，平均水位 ζ は沿岸方向に周期的に変動している．運動方程式2式より平均水位 ζ を消去し，輸送流れ関数 ψ だけの線形方程式を導くことができ，境界条件を満たす解を得ることができる．図4·12はボーウェンの線形解を示したもので，λ は汀線方向平均水位上昇高の沿岸方向の波数で，$\lambda = 2\pi/Y_r$ となり，上段の図が ψ の沖方向の分布，下段の図が平面分布であり，海浜循環流が初めて理論的に表されている．

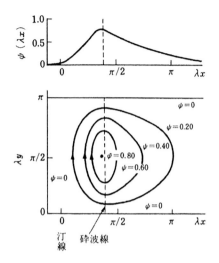

図 4·12 底面摩擦を考慮した線形解[21]

佐々木・尾崎[22]は理論解析で得た結果を用いて，海浜循環流内において向岸流と離岸流とが同程度の幅を占め，同程度の強さをもつ場合，この離岸流を純循還流型離岸流とし，一方，向岸流が広く，向岸流と離岸流が非対称な場合を自由噴流型離岸流とした．後者の離岸流による循環流においては，離岸流は幅が狭くて，流れが強く，向岸流は弱いので，離岸流によって沖に輸送された海水は，比較的長い時間をかけて砕波帯内に戻る．離岸流の発生領域は

$$Y_r^* \leq 3 \quad :純循環流型離岸流$$
$$3 < Y_r^* < 4 \quad :遷移領域 \quad (4·36)$$
$$Y_r^* \geq 4 \quad :自由噴流型離岸流$$

のように分類される．

図 4·13 は砕波点における自由噴流型離岸流の流速を砕波線に沿って沿岸方向に示したもので，図縦軸 U^* は $U^* = u/u_b$ で与えられ，u は離岸流流速，u_b は離岸流中央 ($y=0$) 砕波点 ($x=x_b$) における流速である．Y_r^* が大きくなると離岸流の幅が狭くなり，向岸流の幅は広まるが流速は弱くなることを佐々木・尾崎の理論解は示している．図 4·14 は自由噴流型離岸流場の流速ベクトルを示したもので，強くて狭い離岸流，広くて弱い向岸流，沿岸流から離岸流に向かう養離岸流が彼らの理論解により良く表されている．

図 4·15 は純循還流型離岸流の沖方向の分布を示したもので，この流れの場

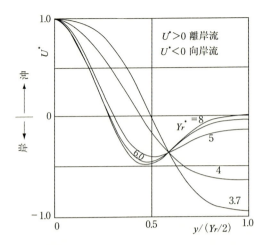

図4・13 自由噴流型離岸流の砕波点における沿岸方向の流速分布[22]

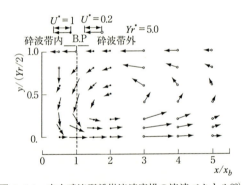

図4・14 自由噴流型離岸流速度場の流速ベクトル[22]

では，Y_r^* が小さくなると最大流速地点が砕波点を超えて砕波帯内に移動し，砕波帯内で流速が最大になる．さらに Y_r^* が小さくなると砕波点における流速は相対的に小さくなる．実際には砕波点における流速が0になる Y_r^* が存在する．佐々木・尾崎は，室内実験においては，砕波帯内に閉じこもる離岸流は定常に達し得ないことより，砕波点で0となる離岸流速を与える Y_r^* が事実上 Y_r^* の最小値となるとして，離岸流の発生間隔の最小値を

$$Y_r^* \geq 1.35 \tag{4・37}$$

と与えている．

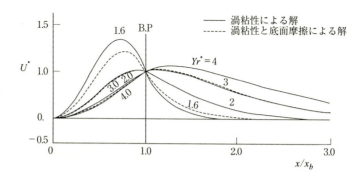

図 4・15　純循環流型離岸流の速度分布形[22]

波が海岸に斜めに進入すると離岸流は傾き，非対称セルをなす海浜流が発生する．ソヌ (Sonu)[6]は沿岸流系と離岸流系の相互干渉を無視できるものと仮定して，それらの系の運動を線形結合し，岸向きの質量輸送流れ，沿岸流，離岸流よりなる蛇行流を再現している．

オラウキ・レブロン (O'Rourke & Le Blond)[23]はラディエーションストレス項と底面摩擦項を用いた線形方程式を用いて，半円形の湾内の大規模な海浜循環流を理論により示している．彼等は海岸線が円弧状になっていることから，汀線と砕波帯を極座標で表し，砕波帯の幅が湾の半径に比べて小さいことを利用して，解を得たもので，湾内の海岸では汀線方向に入射角と波高が変化し，これに起因して海浜流が発生する．すなわち，沖から湾に進入してくる波は岬に近いほど斜めに入射するので，図 4・16 に示すような岬から湾中央に向

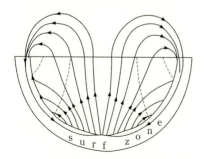

図 4・16　湾内海浜における大規模海浜循環流の理論[23]

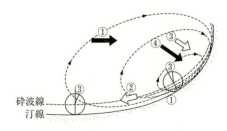

図 4・17　大規模海浜循環流の現地観測[24]

かう沿岸流，湾中央での離岸流が発生する．この理論結果は，図4・17に示すように，橋本・宇多・新行内[24]が阿字ヶ浦海岸で観測した海浜流と一致しており，実際に海浜で発生していることが証明された．

4・6 河口密度流

海水の密度は水温により異なるので，水温の違う水塊が接触すると，その接触面が水平でなければ，その接触面を境にして圧力差が生じ水塊の移動がはじまる．水塊は圧力の大きい方から小さい方へ相対的な運動を起こす．温水と冷水の接触のほかに，塩水と淡水，濁水と清水が接触する場合も，密度差が原因で水塊の接触面で圧力差が生じる．河川，海洋，湖などにおいて密度の異なる水塊が接触し，そこに密度差による圧力勾配が生じたことにより水塊が移動する現象が密度流である．

きわめて静穏な水域においては密度の違った水塊の会交があると，重い水塊が下層を占めるように動き，やがては水域内が水平で平衡な層状態になる．しかし，乱れの大きい水域になると，互いに混合して一様な一つの水塊になる．また，乱れによる拡散が弱い場合は接触面が境界層となり破壊されずに残り，成層密度流が形成される．このような密度流は二層流（stratified flow）とも呼ばれる．河口における海水侵入の形態は塩水と淡水の混合の強弱により，三つのタイプに分類され，それらは図4・18に示すようになる．

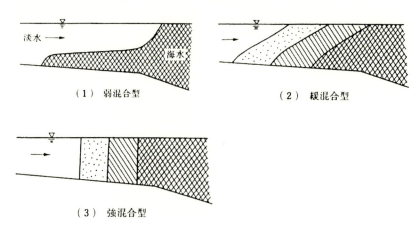

図4・18　河口における塩淡水の混合形態

（1）弱混合型

淡水と塩水の境界面が明瞭に現れており，海水は楔（くさび）状をなして河口内に侵入し，塩水と淡水の混合はほとんどない．この場合，海水が淡水の下に楔状に侵入するのでこの状態の密度流を塩水楔（salt wedge）という．一般に，潮差が小さいと侵入塩水塊の界面は残り，塩水楔が形成されやすいが，潮位差が大きいと塩淡水の混合が激しくなり，塩淡水境界面は破壊されやすい．したがって，日本海側の河川の河口においては弱混合型の密度流がみられ，塩水侵入時には塩水楔がみられることが多い．

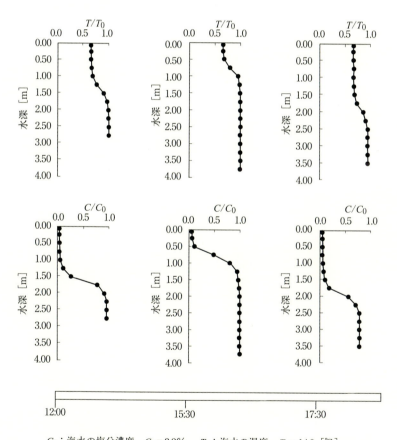

C_0：海水の塩分濃度　$C_0 = 3.2\%$　T_0：海水の温度　$T_0 = 14.0$ [℃]

図 4・19　弱混合型塩水遡上の塩分濃度
（馬淵川河口から 1.5 km 上流，1997 年 11 月 17 日）

(2) 緩混合型

塩淡水境界面での混合は弱混合型より強く，明確な境界面はみられない．この河口密度流では水平方向，鉛直方向ともに塩分濃度が変化し，密度勾配が存在する．このタイプは弱混合型と強混合型(後述)の中間の混合形態といえる．

(3) 強混合型

侵入塩水塊のフロントは激しい混合のため破壊されてしまい，境界面は存在しない．このタイプでは水塊の密度が鉛直方向に一様で，水平方向に変化する．潮位差の大きい太平洋側の河口においては塩淡水の混合が激しく，緩混合型や

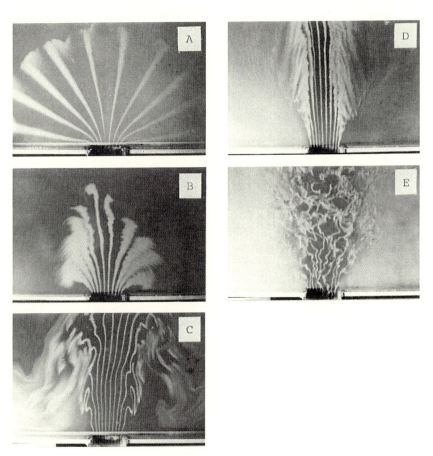

図 4·20　河口表層流の流れのパターン[25]

強混合型が多くみられる．

図4・19は青森県八戸市馬淵川における現地観測結果を示したもので，塩水の遡上が強いために弱混合型がみられた．測定値は境界面があり，塩水楔（くさび）が存在していることを示している．海の季節はおおよそ3カ月遅れなので，図4・19（上段図）に示すようにこの時期は海水温が淡水温より高く，水温分布が塩水の遡上を知らせてくれる．

河口から流出した淡水は海域表層を移動し，薄い層の密度流となって河口前面の海域に拡がる．この表層の淡水密度流を河口流出流（river discharge）と呼んでいる．柏村・吉田はこの河口表層流の流出パターンにはA〜Eの五つのタイプがあることを模型実験により示した．図4・20に柏村・吉田[25]による5種類の流出パターンを示した．淡水流量が少なく，塩淡水の密度差が大きい場合にA型が現れ，逆に，流量が大きく，密度差が小さいとE型が現れる．

B，C，Dの各型はAとEの間に存在する遷移的なパターンである．これらの発生領域はクーリガン数 θ とレイノルズ数 R によって決まる．ここに，θ と R は次式のように定義される．

$$\theta = \frac{(\nu \varepsilon g)^{\frac{1}{3}}}{U_1}, \qquad R = \frac{BU_1}{\nu} \tag{4・38}$$

ここに，$\nu\varepsilon$：水の動粘性係数，$\varepsilon = \dfrac{\rho_2 - \rho_1}{\rho_2}$，$\rho_1$，$\rho_2$：淡水，塩水の密度，$g$：

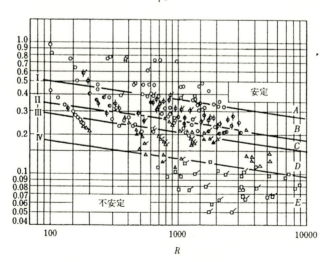

図4・21　流出パターンの発生領域[25]

重力加速度, U_1：淡水層平均流速, B：河口幅

このクーリガン数 θ とレイノルズ数 R を縦軸と横軸にして各パターンの発生領域を示すと図4·21のようになる．河口流出流は流量の少ない渇水期にはA，BあるいはCの流出型になり，河川流量が増大すると河口からの流れが噴流に近づくため，DまたはEの型になる．

4·7 感潮狭水路の流れ

湾口，湖口，内湾と外洋を結ぶ狭水道，などでは内側の水域が外洋の潮位変動に追従できずに遅れて水位が上下動するため強い交番流が発生する．一般に，図4·22に示すように内湾の水位は潮汐よって一様に昇降する．

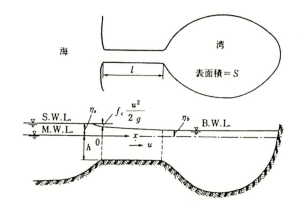

図4·22 感潮狭水路の説明図

湾口では外海潮位 η_s と内湾潮位 η_b の水位差に応じて順流，逆流が生じ，その速度 u は次式によって与えられる．

$$u = \pm C_v \sqrt{2g|\eta_s - \eta_b|} \tag{4·39}$$

ただし， $C_v = 1/\sqrt{f_o + f_e + \dfrac{2gn^2}{R^{1/3}}\dfrac{l}{R}}$ (4·40)

ここに，f_e：狭水路の入口における流入損失係数 ≈ 0.5
f_o：狭水路の出口における流入損失係数 ≈ 1.0
n：マニングの粗度係数
R：狭水路の径深（m）

l ：狭水路の長さ（m）

式（4·40）の速度係数 C_v は開水路流れを仮定して損失水頭の計算式から導いている．内湾の水量の増減は水位変化と内湾水面積の積によって与えられ，それは湾口を通過する流量に等しい．したがって，次式が成立する．

$$\frac{d\eta_b}{dt} = \frac{A}{S}u \tag{4·41}$$

ここに，A：湾口の断面積 $[\mathrm{m^2}]$，S：内湾の水面積．

式（4·41）を用いれば，数値計算により，外海潮位 η_s を与えることにより湾内の水位変化が求まる．

潮位変化の概略値を求めるために，外海潮位の振幅と周期を a_s および T とし，η_s を次式（4·42）で与える．

$$\eta_s = a_s \cos \sigma t \qquad \text{ここに，} \quad \sigma = \frac{2\pi}{T} \tag{4·42}$$

よって，湾口狭水路の外海側と内湾側の両端において式（4·42）および式（4·41）が成立するので，内湾潮位 η_b と湾口速度 u が次式（4·43），（4·44）で与えられる（近藤，1972)[26]．

$$\eta_b = a_b \cos(\sigma t - \gamma) \tag{4·43}$$

$$u = -U \sin(\sigma t - \gamma) \tag{4·44}$$

ここで，a_b は内湾潮位の振幅，γ は位相遅れであり，U は最大流速であり，次式で与えられる．

$$\frac{a_b}{a_s} = \frac{(\alpha/\sigma^2)}{\sqrt{\frac{1}{2}\left[\left(\frac{\alpha}{\sigma^2}-1\right)^2 + \sqrt{\left(\frac{\alpha}{\sigma^2}-1\right)^4 + 4\left(\frac{\beta p}{\sigma^2}\right)^2}\right]}} \tag{4·45}$$

$$\gamma = \tan^{-1}\left[\frac{\sqrt{\frac{1}{2}\left[-\left(\frac{\alpha}{\sigma^2}-1\right)^2 + \sqrt{\left(\frac{\alpha}{\sigma^2}-1\right)^4 + 4\left(\frac{\beta p}{\sigma^2}\right)^2}\right]}}{\left(\frac{\alpha}{\sigma^2}-1\right)^2}\right] \tag{4·46}$$

$$U = \frac{1}{p}\sqrt{\frac{1}{2}\left[-\left(\frac{\alpha}{\sigma^2}-1\right)^2 + \sqrt{\left(\frac{\alpha}{\sigma^2}-1\right)^4 + 4\left(\frac{\beta p}{\sigma^2}\right)^2}\right]} \tag{4·47}$$

$$\alpha = \frac{Ag}{lS}, \qquad \beta = \frac{a_s g \sigma}{l}, \qquad p = \frac{8gn_r^2}{3\pi\sigma R^{4/3}}$$

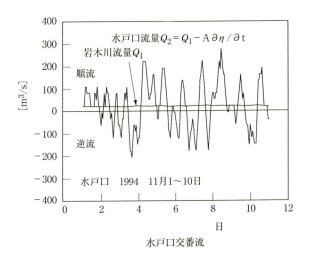

図 4・23 感潮狭水路における順流と逆流
(岩木川水戸口, 1994 年 11 月 1 日～10 日)

ここで,

$$n_r = n\left[1+\frac{f_c R^{4/3}}{2gln^2}\right]^{1/2}, \quad f_c = 1+f_e \approx 1.5$$

以上が近藤[26]によって示された解である.

図 4・23 は感潮狭水路における交番流を示したもので, 河川の固有流量 (≈ 60 m³/s) よりも交番流の最大値 (≈ 200 m³/s) が大きく, ここでは平常時には潮流による交番流が支配的となっている. 潮汐の半周期間に水路を通過する総水量をタイダルプリズム (tidal prism) という. この水量を P とすると, 単調和潮汐の場合は次式 (4・48) で与えられる.

$$P = \int_{t'}^{t'+\frac{T}{2}} uAdt = \frac{Q_{\max}T}{\pi}, \quad \text{ここに,} \quad t' = \gamma/\sigma, \quad Q_{\max} = AU \quad (4\cdot48)$$

P は交番流の水量, 湾内の水質, 水路内の掃流力に関係する量である. 河口や湖口等の狭水路前面海域では沿岸漂砂があるのが普通であるが, 狭水路は漂砂による埋没作用と水路内の交番流による掃流作用を受けており, これらが平衡関係にあれば流積は安定して, 閉塞に至ることはない. 近藤は水路の安定流積 A_e, タイダルプリズム P および沿岸漂砂量 M_t [m³/year] の関係を図 4・24 のように示し, 図中の実線と破線から式 (4・49) に示す

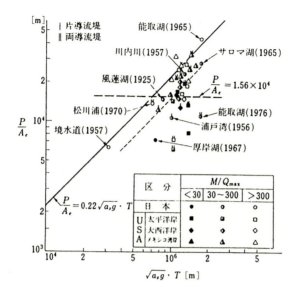

図 4·24 タイダルプリズム，沿岸漂砂量および安定流積の関係[28]

$$\frac{P}{A_e} = k_s \sqrt{a_s g} T, \quad k_s = 0.15 \sim 0.22 \tag{4·49}$$

なる関係を得た．その後，沿岸漂砂量 M_t の影響を取り入れ

$$\frac{P}{A_e \sqrt{a_s g T}} = k_a \left(\frac{M_t}{Q_{\max}}\right)^{k_b} \tag{4·50}$$

となる関係を示し，$k_a = 0.06 \sim 0.1$，$k_b = 0.1$ を得た[28,29]．沿岸漂砂の無視できない海岸における感潮狭水路の A_e や水路の安定性についての概略的な傾向は図 4·24 を用いることにより推定できる．

4·8 流れによる物質の移動

(1) 物質と拡散現象

色の着いた水を水中に置くと，着色水域は徐々に外側に拡がる．次第に，着色範囲が大きくなる．同時に，中の濃度は薄くなる．これは着色水が周囲に移動する現象を色で見ていることになる．このように中の濃い物質が周囲に拡がる現象を拡散（diffusion）という．この拡がる物質を拡散物質（diffusion

126 4章 海岸の流れ

material）と呼ぶ．もし流れがないのであれば，この拡散は分子運動のみに起因する拡散であり，これが分子拡散（molar diffusion）である．一般に，海域には流れが存在し，分子拡散よりもはるかに規模の大きい乱流拡散（turbulent diffusion）が生じている．ここに，乱流拡散とは，相隣り合う流体部分が互いに入り混じり混合しあった結果生じる拡散物質の周囲への移動のことであり，物質の混合が激しく行われるために生じる混合拡散をいう．したがって，流れが存在する水域においては分子拡散は乱流拡散に比べて省略できるほど小さいので無視され，物質移動現象は流れに移送されながら生じる乱流拡散だけで表される．表4·2に拡散物質とその水域が示されており，沿岸域や感潮区域においては，流出油の拡散，発電所冷却放水路前の温排水拡散，浚渫や埋立工事現場での濁り拡散，COD・DO 指標値による悪水拡散，窒素・リンなどの栄養塩類の拡散などへの対処が迫られており，拡散現象は人間の生活に密接な関連をもっている．

いま，拡散物質の単位体積当たりの質量を C とする．速度成分 u, v, w の流れの場において点 (x_0, y_0, z_0) に湧出源があり，強度 Q で拡散物質が湧出している場合の乱流拡散は次式により表される．

$$\frac{\partial C}{\partial t} + \frac{\partial(uC)}{\partial x} + \frac{\partial(vC)}{\partial y} + \frac{\partial(wC)}{\partial z} = \frac{\partial}{\partial x}\left(D_x\frac{\partial C}{\partial x}\right) + \frac{\partial}{\partial y}\left(D_y\frac{\partial C}{\partial y}\right) + \frac{\partial}{\partial z}\left(D_z\frac{\partial C}{\partial z}\right)$$
$$+ Q\,\delta(x-x_0)\delta(y-y_0)\delta(z-z_0)$$

$$(4\cdot51)$$

ここに，D_x, D_y, D_z は x, y, z 方向の乱流拡散係数（eddy diffusivity）であ

表4·2 拡散物質とその水域

拡散物質	出現水域	対　処　法
塩分	感潮域　内湾	感潮区域の塩分拡散予測 塩水楔（くさび）の計算 淡水流入による塩分濃度の計算
有機物 栄養塩	外洋 内湾 湖沼	有機物，栄養塩などの水質予測 富栄養化予測
土砂	埋立・浚渫工事現場	土砂の拡散範囲の予測
熱	発電所冷却水 工事排水排水口付近	温排水の拡散予測
油	油流出事故現場	流出油の拡散予測

り，δ は Dirac のデルタ関数である．拡散係数は流れのスケールが大きく，乱れの度合いが大きいほど大きな値となる．沿岸海域における水平拡散係数および鉛直拡散係数の概略値は $10\,\mathrm{m^2/s}$ および $10^{-2}\,\mathrm{m^2/s}$ のオーダーにある．

いま，x，y 軸を水平面内に取り，x 軸を一様な流れ U の方向に一致させると，式（4·51）において，速度成分は $u=U$，$v=w=0$ となる．さらに，湧出がないものとし，すなわち，$Q=0$，濃度を鉛直方向に一様とし，拡散係数 D_x および D_y を一定とすると，式（4·51）は次式のようになる．

$$\frac{\partial C}{\partial t}+U\frac{\partial C}{\partial x}=D_x\frac{\partial^2 C}{\partial x^2}+D_y\frac{\partial^2 C}{\partial y^2} \tag{4·52}$$

上式の解は投入した拡散物質の総量を M とすれば次式で表される．

$$C=\frac{M}{4\pi t\sqrt{D_xD_y}}e^{-\left\{\frac{(x-Ut)^2}{4D_xt}+\frac{y^2}{4D_yt}\right\}} \tag{4·53}$$

この解は物質が流れにより移送されながら拡散していく様子を表している．すなわち，濃度 C の等分布線は x 軸上に中心をもつ楕円形になり，この中心が流れとともに速度 U で x 軸上を流下している拡散を示している．

（2）拡散係数

リチャードソン（Richardson）は 1926 年に新たな拡散概念を提出した．それが今日でいう相対拡散（relative diffusion）である．ここに相対拡散とは拡散物質粒子間の距離が乱流作用により流下とともに大きくなる現象を言う．リチャードソンは次元解析により，相対拡散における拡散係数 K が相対距離 L の 2 乗平均値の 4/3 乗に比例することを示した．これがいわゆるリチャードソンの 4/3 乗則である．リチャードソンの相対拡散の意義が正しく認識され，その概念が理論的に論じられるようになったのは 1940 年代である．リチャードソンの 4/3 乗則は理論的誘導過程に忠実に従うと厳密には，拡散のスケールが拡散場の渦のスケールより十分小さく，かつ分子粘性の影響が無視される乱流の場でのみ成立する．

図 4·25 はオルロップ（Orlob）が示した水平方向の拡散係数 K ［cm²/s］と拡散現象のスケール L ［cm］の関係である．図には世界各地における外海あるいは外海に面した海域の乱流場における観測結果が示されている．図中の点線は次式のように

$$K=0.01L^{4/3} \tag{4·54}$$

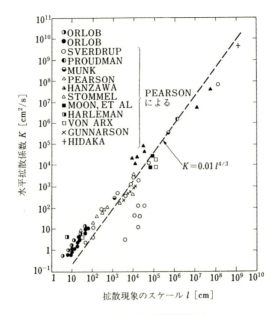

図 4·25　水平拡散係数[31]

と表され，L の小さい領域から大きい領域までの広い範囲にわたって，リチャードソンの 4/3 乗則が成立している．

(3) 沿岸域における物質拡散

洪水時や融雪期には河口前面の海域が濁った河川水流入により茶色に変色している．海に流出する小河川や河川水が，沿岸水域で海水とどのように混合，拡散するかは，海岸汚濁に関連する重要な問題であり，河川水の流入により，低塩分の水や，濁度の大きい水が海岸付近に停滞すれば漁業や環境に大きな影響を及ぼす．図 4·26 は北海道苫小牧海岸水域において観測により得られた塩分分布図（那須・余湖，1982）であり，上段図 (a) が融雪期，下段図 (b) が渇水期における塩分分布を示しており，明らかに，流量の多い時期（上段 (a) 図）の海域では低塩分の水域が広がっており，河川水流入による海岸水環境の変化がみられる．図に明らかなように，低塩分域の形が海岸沿いに細長く帯状となっている．これは沖方向よりも沿岸方向への拡散が卓越しているからである．それは潮流による影響であり，一般に，汀線方向の潮流成分は沖方向の成

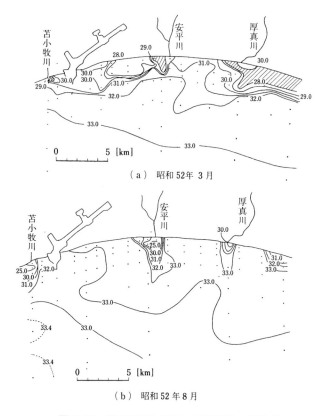

図 4・26　苫小牧海岸水域における塩分の観測[32]

分より大きく，海域に流出した拡散物質は，潮流の影響により，沿岸方向に卓越して拡散していく．

　砕波帯内の拡散物質は波と沿岸流によって移流，拡散して砕波帯内の全体に拡がる．しかし，砕波と向岸流および質量輸送により，容易には砕波帯の外には出ていかない．強い河口流出流があるところや離岸流が発達しているところでは，拡散物質はこれらの流れによって砕波帯の外に流送され，砕波帯外の海水と混合してより広い範囲へと拡散する．

　図 4・27 は大阪湾における COD の観測により得られた分布図であり，観測は 1971 年に行われたものであるが当時の汚濁物質の拡散状況が出ている．図より，COD 分布は季節的変化が著しく，春から夏にかけて東高西低型の濃度分布となり，秋から冬にかけては湾全体の濃度が一様化する傾向にある．

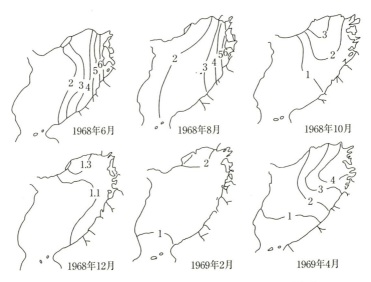

図 4·27　大阪湾における COD の観測（単位 [ppm]）[33]

4·9　海浜流の観測

(1) 海浜流の系統的現地観測

海浜流についての大規模な観測はシェパード・インマン（Shepard & Inman）により 1950 年に行われている．彼等はカルフォルニア大学スクリップス（Scripps）海洋研究所前面の海域で観測を行い，その結果から前述 4·5 節で述べた海浜流系統を提示し，海浜流が離岸流，離岸流から沿岸方向へ向かう離岸流頭としての流れ，質量輸送・向岸流，沿岸流，沿岸流から離岸流に変わる涵養流（養離岸流）よりなることを明らかにしている．また，1960 年代の後半にはハリス（Harris, 1969）が海浜循環流の現地観測を行い，流れの分類を行い，離岸流による海浜循環流，沿岸流システムなどの発生頻度を明らかにしている．ソヌ（Sonu, 1972）は気球を用いて，それから吊るしたカメラによる連続撮影によりフロートの追跡を行い，海浜流の流れの場を明らかにしている．彼は流れの観測と同時に深浅測量を行い，海浜流が地形の影響を受けることを初めて明らかにしている．1970 年代の前半には，堀川・佐々木他は気球カメラによる現地観測法をさらに改善・発展させ，同時に 2 機のヘリコプ

ターを用いての海浜流現地観測を行い，有用な結果を示している．一方，規模は小さいが，近藤等はトランシットを用いて陸上からフロート追跡を行い海浜流の観測を行っている．

(2) 海浜流の現地観測

図4·28はソヌがフロリダ州のシーグローブ（Seagrove）海岸で観測した海浜流であり，この観測により，海浜流が平均水面勾配に支配されており，水位の高いところから低いところに流れが向かっていること，この平均水位の高低

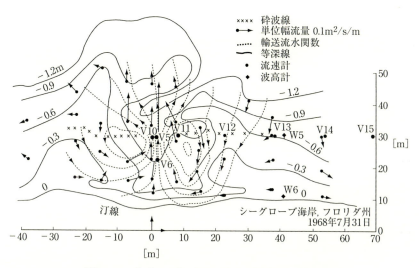

図4·28 地形の不均一性に起因する海浜流の現地観測[6]

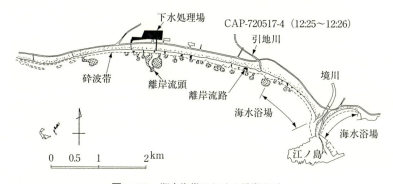

図4·29 湘南海岸における離岸流[20]

はラディエーションストレス（radiation stress）により作られており，それは波高分布の高低に起因していること，海浜流の発生は沿岸方向海底形状の不均一性に起因していることを明らかにしている．

図4・29は堀川・佐々木他（1975）がカラー空中写真により調べた湘南海岸における離岸流であり，撮影が大潮干潮時に行われており，引き潮の影響が多少あり得るが，離岸流が砕波帯を突き抜け沖に出ている様子が良く表されている．

橋本・宇多（1978）は電磁流速計を用いて海浜流の観測を行った．彼らは1台の流速計を移動させながら多点における観測が可能な装置を開発した．図4・30に示すソリシステムがそれであり，波，流れ，水位が測定できるようになっている．重さは200 kgあり，沖方向への移動は海上船舶で行い，岸側へは陸上からジープによりけん引して行っている．

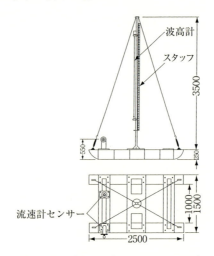

図4・30　橋本・宇多のソリシステム[34]

演習問題

1. 海流，吹送流，潮流は人間の生活にどのように係わっているかそれぞれの流れに対して例を一つだけ述べよ．

2．黒潮，親潮，対馬暖流の発生から消滅までの概略を述べよ．

3．潮流の転流はなぜ起こるのか述べよ．

4．エクマン層について述べよ．

5．離岸流と沿岸流について簡単に述べよ．

6．直角に近い波の入射により，100 m の幅の砕波帯ができている．このとき，離岸流が発生するとしたら発生間隔はおよそどの程度になるか．

7．河口付近の河道に海水が逆流するのはなぜか述べよ．

8．感潮狭水路の安定流積について述べよ．

9．海岸における物質の拡散現象が人間の生活に影響を及ぼす場合がでているが問題となる拡散物質を二つ上げ，出現水域と対処法を述べよ．

10．沿岸海域における拡散係数の概略値のオーダーを述べよ．

漂砂と海浜過程 5

■高波による海岸侵食（北海道三石海岸）*)

5・1 漂　　砂

　海岸において水底あるいは水中を移動する土砂あるいは移動現象を"漂砂"という．河川工学における流砂に対応する用語である．

　漂砂の機構は，波によって海底の土砂がまき上げられ，それが波と流れによって運ばれることにある．土砂に作用する力が波と流れのため，空間的には3次元的な運動であり，時間的には秒単位の変化をするというきわめて複雑な現象である．加えて海底付近の波の荒い時には目視が困難な現象のため，個々のケースについて正確な認識を得るのが難しい．

　図5・1に砂浜海岸の断面と用語を示す．漂砂によって砂浜海岸の海底地形は絶え間なく変化する．その変化が大きくなると，海岸の侵食や欠潰，また水路や港での堆積や埋没が発生する．こうした海岸地形の変化を海浜過程という．漂砂と海浜過程は，砂浜に人工施設を建設する技術者にとって，最も注意をは

---

*) 砂浜海岸は大波浪が続くと侵食され，汀線は一挙に後退する．その後，静穏な日が続くと次第に回復するが，完全に復旧することはない（北海道提供）．

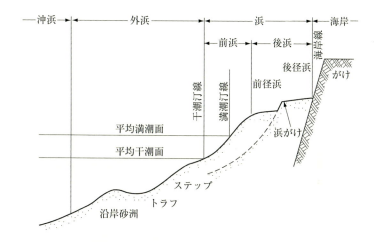

図 5・1　砂浜海岸の断面形状と専門用語[1]

らうべき現象の一つである．

5・2　海浜砂の特性

(1) 漂砂の供給源

海岸における砂はどこから来ているだろうか．考えられるものを次に示す．
(1) 河川からの流砂
(2) 浜や崖の欠潰による土砂
(3) 沖合から波によって運ばれる砂
(4) 隣接する海岸から平行移動する砂
(5) その他海中の石や岩礁の破砕片，生物の死骸，漂着固形物など

これらのうちでどれが多いかは，個々の海岸によって異なる．大規模な海浜変形が発生している海岸では，なんらかの原因で上記の供給土量が大量に変化したことによる．

(2), (3) は方向的に海岸に直角方向の漂砂（岸沖漂砂）を支配し，(4) は海岸線に平行方向の漂砂（沿岸漂砂）を支配している．

(2) 底質特性[2]

底質（海底面の土砂）の粒径は土質工学において用いられている標準網フル

イ2000μ および同じく74μ の間でふるい分ける方法を求める．一般に土砂といってもその固体粒子の大きさ形は実に多様であって，表現の便宜上礫（2 mm 以上），粗砂（2〜0.42 mm），細砂（0.42〜0.074 mm），シルト（0.074〜0.005 mm），粘土（0.005 mm 以下），コロイド（0.001 mm 以下）というように分類されるが，海岸工学で漂砂として現実に扱うのはこれらの中で粗砂，細砂それに礫の小粒径（2 mm 以上せいぜい 5 mm くらいまで）で，シルト以下は省く．したがって以下においてはすべて砂粒径という表現を用いる．ふるい分けの結果を図 5·2 のように粒径加積曲線によって表し，縦軸の i % のところに相当する横軸の粒径を d_i で表現する．50 % の d_{50} は中央粒径と称し，この値を粒径として用いる．

$$S_0 = \sqrt{\frac{d_{75}}{d_{25}}} \tag{5·1}$$

を均等係数と呼び，粒度分布の程度を表すものとしてもちいる．$S_0=1$ は完全な単一粒径の場合であるが，実際の海岸ではこのようなものは存在しない．

この他に，同じく縦軸の 84 % と 16 % に相当する粒径を用いて

$$d_m = \frac{1}{2}(d_{75}+d_{25}) \tag{5·2}$$

で表される d_m（平均粒径）を用いる場合もある．

粗粒砂から細粒砂まで広範囲に混合している淘汰程度の非常に悪い場合には粒径加積曲線の形がだらだらと横に寝るような形になり，これに対して粒径が

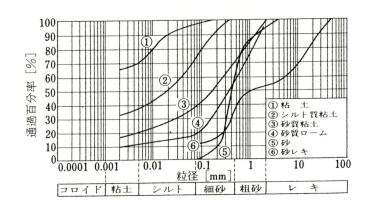

図 5·2　粒径加積曲線[2]

よくそろっているほど曲線は立ってきて $S_0 = 1$ に近くなる．流入河川も少なく長い年代にわたって安定を保っている内湾の奥にある砂浜海岸の砂は淘汰が非常に良好で $S_0 ≒ 1.2$ 程度でほとんど一定している．外海に面し大小の河川が流入し沿岸漂砂の激しい海岸では往々にして $S_0 ≧ 2$ になる場合がある．

(3) 場所による粒径の分布

海浜の横断形状についての位置による粒径は，最終砕波点と前浜頂より少し陸側に極大値をもつ分布をなし，前者の方が後者よりも大きい．また波が荒い海岸ほど粒径が大きい．

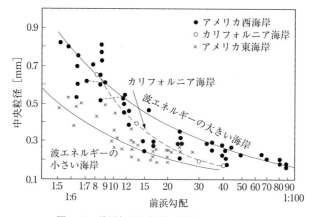

図 5・3 前浜勾配と粒径の関係（Wiegel）[3]

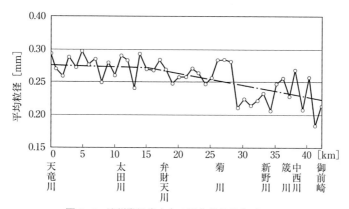

図 5・4 遠州灘沿岸方向の平均粒径分布[1]

前浜勾配が急なほど粒径が大きいが，前浜勾配が 1/5 から 1/20 になると粒径は約 1/3 になるが 1/30 より緩やかな勾配では，粒径はほとんど変化しない（図 5·3）.

海岸線沿いに，同一横断地点で採取した粒径の分布を調べることで，供給源や沿岸漂砂の卓越する方向を知ることができる．一般に河口や崖など供給源付近では粒径は粗い．また沿岸漂砂の卓越方向は，粒径が粗い方から細かい方向に向かう（図 5·4）.

5·3　漂砂の形態

（1）領域による漂砂特性

漂砂は空間的には 3 次元運動をしているが，便宜上，これを海岸に平行方向と直角方向の 2 つの 2 次元運動に分けて考えるのがわかりやすい．沿岸（海岸線に平行）方向の移動は波の力はあまり働かないので，外力としては流れでそれも前章で示した沿岸流に支配される．これに対して岸沖（海岸線に直角）方向については，海岸付近の流れの成分は弱く，波の作用が支配的である.

漂砂の岸沖方向の移動形態を進行波の変形と水底流速との関係で表現したものを図 5·5 に示す．沖から岸に波が進むと 3 章に示した浅水変形によって波高が大きくなり，やがてある水深で砕波する．沖から砕波点までを沖浜帯と呼ぶ．この領域では波による水底の水粒子速度による底面摩擦力が砂粒移動を支配する．砕波点から，汀で引き波による最低水面までの領域を砕波帯という．この領域は漂砂が最も活発であり，複雑な形態で移動する．引き波による最低水面から波の遡上先端までの領域を波打ち帯という.

砕波帯と波打ち帯では海岸に平行方向の漂砂すなわち沿岸漂砂が卓越する場合が多い．特に海岸，港湾の施設計画に際しては，この漂砂量を推定することが必要とされる.

（2）沖　浜　帯

水深が大きい地点では深水波のため水底の水粒子速度がゼロに近いので，きわめて粒径が小さい砂でも微動もしない．しかし 3 章の波理論が示すように波が岸に向かって進み，水深が浅くなるにつれて水底の水平方向水粒子速度が大きくなるので，ある水深になると表面のいくつかの砂粒が移動し始める（初期

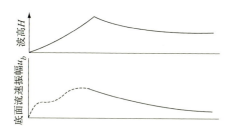

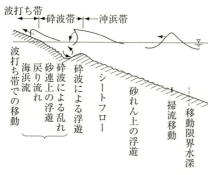

図 5·5 漂砂の 2 次元移動形態[4]

移動). もっと水深が浅くなると表層の砂が一斉に移動する (全面移動). さらに浅い地点に進むと移動が激しくなり, 表層移動や完全移動の状態となる. これらの場合, 海底面には砂漣ができていて表面の砂は掃流状態で, また細粒成分は水中を浮遊状態で移動している. 砂漣ができる理由は, 異なる物質の境界面は平面ではなく, 曲面になりやすいという現象 (Kelvin-Helmholtz の不安定) に基づいている.

波と砂粒の諸元を与えるときに, 上記の移動状況が出現する水深を移動限界水深として定義する. 移動限界水深 h_i は水底の砂について, 水粒子速度により作用する流体力と抵抗力の釣り合いから求められ, 一般に次式のようになる.

$$\alpha \left(\frac{L_0}{d}\right)^n \left(\frac{H_0}{L_0}\right) = \left\{\sinh\left(\frac{2\pi h_i}{L}\right)\right\} \frac{H_0}{H} \tag{5·3}$$

ここで H, L は水深 h_i における波高と波長で, 下付き添字 0 は沖波についてのものを表す. 定数 α と n の値は次のように与えられる.

1) 初期移動　$\alpha = 5.85$, 　$n = 1/4$
2) 全面移動　$\alpha = 1.770$, 　$n = 1/3$
3) 表層移動　$\alpha = 0.741$, 　$n = 1/3$
4) 完全移動　$\alpha = 0.417$, 　$n = 1/3$

■**例題 5·1**■　平均粒径 0.15 mm の砂浜海岸に周期 8 s, 波高 2 m の深水波が来襲するとき, 移動限界水深を, 完全移動について求めよ. ただし屈折係数は 1 とする.

140　5章　漂砂と海浜過程

[**解**]　式 (5.3) において

$d = 0.15$ mm $= 1.5 \times 10^{-4}$，深海波長 $L_0 = 1.56\,T^2 = 99.8$ m，$H_0 = 2$ m

また 4) から $\alpha = 0.417$，$n = 1/3$ とし，

$$\frac{\alpha(H_0/L_0)}{(d/L_0)^n} = \sinh\left(2\pi\frac{hi}{L}\right)\frac{H_0}{H} \qquad \text{①}$$

$H_0/L_0 = 0.02$，$d/L_0 = 1.5 \times 10^{-4}/99.8 = 1.5 \times 10^{-6}$

屈折係数が 1 であると，(H_0/H) は式 (3.97) で与えられる浅水係数 K_s の逆数となることから，上式は下のように書き変えられる.

$$\frac{\alpha(H_0/L_0)}{(d/L_0)^n} = \tanh X_i \sqrt{\frac{1}{2}\{\sinh 2X_i + 2X_i\}} \qquad \text{②}$$

ここで，$X_i = 2\pi h_i/L$ 　　　　　　　　　　　　　　　　　　　③

式②の左辺は上出の数値から計算されて，0.727 となる.

X_i を仮定し，右辺が 0.727 となるまで試算して X_i を決めると，$X_i = 0.67$ が得られる.

式 (3.22) の関係から

$$h_i = (L_0/2\pi)X_i \cdot \tanh X_i \qquad \text{④}$$

が求まり，それから h_i が 6.2 m となる.

(3) 砕波帯近傍と砕波帯内

波高が大きい波が作用するときは，海底に強い摩擦力が作用して砂漣が消え，底面から層状に移動するシートフロー漂砂が発生する. 砕波後の波はさらに渦と乱れをともなって前進する. 砕波点から，汀で引き波による最低水面までの領域を砕波帯という. この領域は漂砂が最も活発で，複雑な形態で移動する.

(4) 波打ち帯

波打ち帯は引き波による最低水面から波の遡上先端までの領域をいう. ここでは波の先端で巻上げられて岸に運ばれた砂が，引き波によって海側に戻される. 平面的には斜め入射する波によって，砂粒は下手にジグザグ状に移動する.

(5) 漂砂量の推定

砂浜海岸の大規模な変形の原因究明や施設建設にともなう事前評価の際には，上記した漂砂の定性的な性質に留まらず，定量的なデータが必要である. 具体的には対象とする海岸である期間で発生する漂砂量である. 漂砂量の場合も便宜的に岸沖方向と沿岸方向に分けて扱われることが多い. 漂砂量の推定

は，実測による方法と理論による方法がある．いずれの方法でも岸沖漂砂量について，正確に求めるのは困難である．

沿岸漂砂量については実測の場合，周辺の岬，港，航路，突堤などについての長期間の深浅測量のデータがあれば，かなりの精度で推定が可能である．理論式による推定法としては砕波点における沿岸方向のエネルギー成分 P_l から求める次式がある．

$$I_l = Q_l(\rho_s - \rho)g = KP_l^n \tag{5・4}$$

$$P_l = (EC_g)_b \sin \alpha_b \cos \alpha_b \tag{5・5}$$

ここで，$\rho_s g$ と ρg は砂と海水の単位容積重量，I_l と Q_l は水中重量表示と固体体積表示の沿岸漂砂量．E は波の全エネルギー，C_g は群速度，α は入射角で，下付き添字 b は砕波点の値を示す．K は係数で，E の推定に $H_{1/3}$ を用いると $K = 0.39$ が標準的な値である．通常，P_l を[tf/year]で与えて I_l [tf/year]，Q_l [m³/year] を求める．

5・4 漂砂と海底地形

(1) 断面形状

一般的な砂浜海岸の横断地形は図 5・1 に示すように沖から岸に近づくと，小高い沿岸砂州 (longshore bar) があり，そこから汀線を越えると急勾配の前浜にいたる．その後に緩やかな勾配の後浜が続き，そのさらに背後に浜崖がある．沿岸砂州を有するこのような形状は通常，波の荒い季節に出現し，暴風海岸あるいは冬型海岸と呼ばれる．波が小さいときには，沿岸砂州が消えて破線で示すようにステップ (step) 状になる．このような形状を正常海浜または夏型海浜と呼ぶ．この地形を決める要因は図 5・6 に掲げるように沖波の波形勾配 H_0/L_0 と比粒径 d/H_0 である．波が険しく，粒径が小さい海岸ほど沿岸砂州ができやすい．図 5・7 は 2 次元実験をもとに，海底勾配の効果を入れた横断地形の判定図である．

砂浜海岸では季節的に夏型と冬型が交互に出現することに加えて，短期間でも変化する．その一つに履歴効果ともいうべき変化があり，波が荒い期間の後にそれよりも弱い期間がくるときには堆積しやすく，その逆では侵食しやすいという前後の波のエネルギーの比もまた地形の原因の一つである．

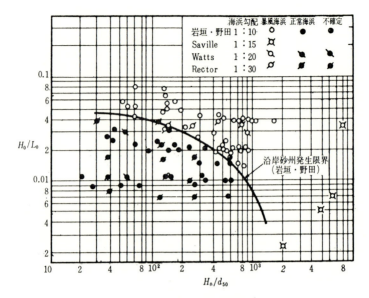

図 5·6 沿岸砂州の発生限界[3)]

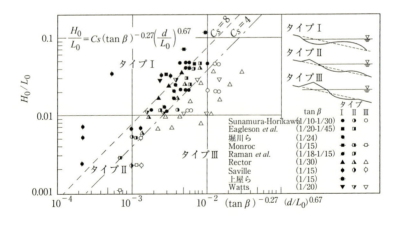

図 5·7 実験室による海浜断面のタイプ分け[3)]

(2) 漂砂と海底地形変化[5)]

　岸沖方向と沿岸方向の漂砂による海底地盤高の変化についての式を図 5·8 に従って導く．x, y をそれぞれ岸沖方向，沿岸方向の座標とし，q_x, q_y をそれぞれの方向の単位長さ当たりの漂砂量 [m³/s/m]，また底質の空隙率を λ とす

ると，コントロールボリューム $dx \cdot dy \cdot \Delta h$ についての質量保存の式は次のようになる．

$$\left[\left\{q_x - \left(q_x + \frac{\partial q_x}{\partial x}dx\right)\right\}dy + \left\{q_y - \left(q_y + \frac{\partial q_y}{\partial y}dy\right)\right\}dx\right]\Delta t = dxdy\Delta h(1-\lambda)$$

これより

$$\frac{\Delta h}{\Delta t} = -\frac{1}{(1-\lambda)}\left[\frac{\partial q_x}{\partial x} + \frac{\partial q_y}{\partial y}\right] \tag{5・6}$$

上式の意味するところは，ある領域に入ってくる漂砂量が出ていく漂砂量より多ければ堆積し，少なければ侵食になる．上式は漂砂による土砂収支あるいは海底地形変化に関する基礎式であり，これを元にして海底地形の変形予測がなされる．

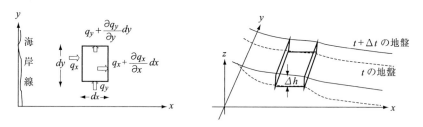

図 5・8 漂砂量と海底面の変化

(3) 平面形状とその形成

ディーン（Dean, 2002）ら[6]は，底質に作用するエネルギーの均衡についての 2 次元的考察から，砕波帯より沖合いの水深 h は，下式のように海岸線に直角方向の距離 x の 2/3 乗に比例することを示した．

$$h(x) = A x^{2/3} \tag{5・7}$$

実際の海岸は 3 次元であり，実験室での 2 次元海岸地形とは異なり，平面的にバー（bar）型海岸とステップ（step）型海岸が隣り合わせて出現することもある（図 5・9）．また汀線の平面形状の特徴としては，カスプ（cusp）と呼ばれる連続した凹凸がある．砂漣と同様に自然がつくる曲線的境界のもう一つの例であるが，カスプの波長は離岸流の間隔にも関連がある．

沿岸漂砂が一方向に卓越している海岸では，下手に湾のように沿岸流が急減する静水域があると，運ばれてきた沿岸漂砂が堆積し，それが次第に下手に延びる．このようにして形成される地形が砂嘴（sand spit）である．

また岸沖漂砂が卓越している海岸では，島や海岸に平行な防波堤（離岸堤）の陸側に海岸線が海側に突き出る地形をトンボロ（tomboro）と呼ばれる（6章口絵写真，p.148）．陸と完全に繋がるケースもあり（図2・3），その場合は陸繋島とも呼ばれる．この地形形成の原因は島などの背後に，波に対して遮へいされた静穏な水域ができ，そこでは流入漂砂量が流出漂砂量より多いため，堆積する．

岬と岬の間の砂浜をポケットビーチ（pocket beach）と呼び，このポケット

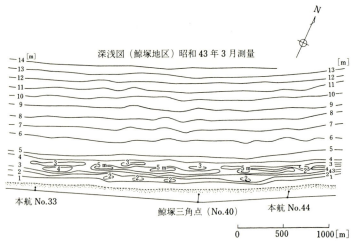

図5・9 石狩海浜（鯨塚地区）のバー地形[2]

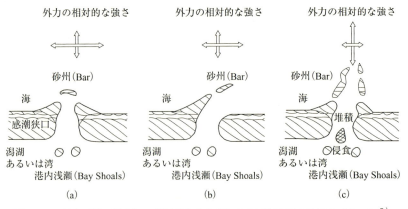

図5・10 外力（波，流れ）の相対的な大きさによる感潮狭口の地形のパターン[7]

の中の漂砂は岬間に留まり，波向に対応して汀線の向きが変わることがあっても，安定している場合が多い．漂砂によるこれらの地形変化の基本理由は，いずれも式 (5・6) から説明できる．

河口では河川流出土砂による河口三角州が形成される．その形状は4章で述べた河口流の影響で複雑で，変化が激しい．感潮狭口の湖（河）口地形は交番性の潮流の影響で河口内側にも砂州が生じ，さらに複雑である．図 5・10 は感潮狭口の作用する外力（波，流れ）の相対的な大きさによる地形のパターンを示す．

5・5 海浜過程

(1) 空間と時間のスケール

我々が現在目にする海岸は，1章で述べたように百万年単位の長期に及ぶ地殻活動で骨格が定まり，その後の気象，海象の作用で侵食，堆積作用で形成されたものである．本章でここまで述べてきたことは，砂粒のミクロな移動から始まる漂砂とそれによって生ずる砂漣，沿岸砂州，トンボロ，ポケットビーチなどの地形の形成過程である．それぞれの空間的地形の大きさに対応して，時間的な規模がある．すなわち砂粒の動きは秒単位であり，沿岸砂州は約1年単位で発生するなどである．

図 5・11 は空間規模ごとの時間規模との関係である．海岸の空間地形として最大規模は，大きな岬の間で大河川の流入しているような海岸で沿岸漂砂がほ

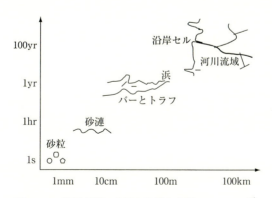

図 5・11 海浜変形に重要な時間と空間のスケール[8]

146 5章 漂砂と海浜過程

ほその中に留まるような区域（セル）ある．我が国の場合は，1章で示したようなほぼ同一の海象条件にある延長数十 km 以上の海岸域がそれに相当する．

(2) 海 岸 侵 食

海岸を崖海岸と砂浜海岸に大別して侵食を考察する．

崖海岸は，波の作用による岩礁の摩食が引き起こす汀線後退の他に，風や雨による斜面崩壊により，侵食が進む．すなわち崖海岸では侵食が必須である．

砂浜海岸の場合は，供給土砂量の過不足により，堆積か侵食のいずれかになる．海浜過程は最も変化が激しく，一度大時化がくると一夜にして数十 m も汀線が後退する．しかしその後に波が小さい日が続くと次第に沖から岸に砂が移動し，地形が復元する．こうした繰り返しが短期的だけではなく長期的にも出現していることが，砂浜の海岸過程（shore process）の基本である．海岸侵食の原因は，その海岸への供給土砂量の減少である．

原因としては下記が挙げられる．

(1) 河川からの流出土砂量の減少

(2) 施設による陸からの土砂流出の減少

(3) 海中の人工施設設置にともなう漂砂量の減少

我が国の場合，1970～90 年の高度成長時代に，(1)～(3) の原因が顕著となり，その後，今日に到るまで海岸侵食がいたるところに出現している[8,9]．

土砂供給の変化量が同じでも，その変化の度合いは地形や波浪条件の異なる個々の海岸によって異なる．支配的な地形的要因は海底勾配であり，急勾配の海岸が侵食の度合いが大きい．1/100 以下の緩勾配の海岸は侵食され難い．その理由は勾配の緩やかな海岸では，波が汀線に到達するまでに長い距離を進むので，汀線に到達するまでにエネルギーが消散することによる．

5・6　安定海岸の計画

さて侵食を最小限にして，海岸地形を安定に保つにはどのようにすれば良いだろうか．

それには上記の (1)，(2)，(3) の原因に対応した方策が必要である．

（1） 土砂供給量の確保

河川からの供給土砂の減少の理由は，ダムによる堆砂，水利用による河川流量の減少がある．前者については堆砂を海岸に移送することである程度の確保は可能である．しかし後者については減少は避けられず，対策は困難である．

（2） 土砂の人為供給

港の建設などで沿岸漂砂を阻止した場合の下手側での海岸侵食には，上手側の堆積土砂を下手に人工的に輸送するサンドバイパスを用いる．護岸などの構造を透水性にし，供給土砂の減少を少なくする．

（3） 構造物による漂砂量の制御

侵食海岸では6章で述べる突堤，離岸堤，人工リーフ，ヘッドランドなどの海岸施設によって，波浪入力を減少させ，供給土砂量の不足に対応した漂砂量を減少させ，新しいバランスを保つことを目的とする．しかしこの場合隣接海域の土砂収支を変えることになるので，対象範囲を広くしなければならない．

演 習 問 題

1．漂砂の定義とその発生源について述べよ．
2．漂砂の移動限界水深に関し，多くの式が提案されているが，その理由について考察せよ．
3．3章の演習問題3.6の波を有義波としたとき，入射角 $\alpha_0 = 20°$ の場合に砂浜海岸で生ずる毎秒の平均沿岸漂砂量を，式 (5.4)，(5.5) から推定せよ．また，この波が1年間の波エネルギーを代表する波としたとき1年間の沿岸漂砂量はおよそ幾らになるか．
4．砂浜海岸に港を造る場合，漂砂によりどのような地形の変化が出現するか，考察せよ．

海岸の施設 6

■ 国縫漁港（ワイングラス型漁港）*）

6·1 波と構造物

(1) はじめに

海岸の構造物を計画・設計する場合，第一に考慮しなければならない事象は波との関係である．

極端に細くて波の進行に障害とならない図6·1 (a) のような構造物を除いて，波が海中にある構造物に作用すると，構造物がないときと比べて波の状態が変化する．すなわち入射波は変形させられ，そのエネルギーの一部が消失し，残りが反射波と伝達波のエネルギーとなる（図6·1(b), (c)）．

このため反射波が存在する沖側の水域では，入射波と重なり合って重複波あるいは進行波と重複波の中間の部分重複波が形成される．また岸側では，構造物の表面に沿って波がうち上がる現象や，水塊が構造物の天端を乗り越える越

---

*）砂浜海岸の漁港は漂砂による埋没対策が重要な課題である．噴火湾奥の緩勾配海岸に建設された国縫漁港は沿岸漂砂による埋没を回避する目的で港全体を離岸型にした（平成6年4月撮影，北海道提供）．

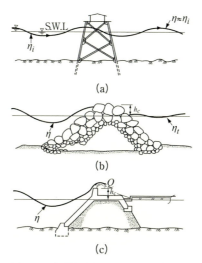

図 6・1　各種海岸構造物による波の変形

波現象が生じることもある．ここでは波と構造物との相互作用現象について述べる．

(2) 反 射 率

構造物や斜面に波が入射すると，そのもっている入射波エネルギーの一部あるいは全部は反射されて，反射波 (reflected waves) として海側に戻っていく．この場合，式 (6・1) で示される入射波高 H_i に対する反射波高 H_R の比を反射率 K_R (reflection coefficient) と呼ぶ．

$$K_R = \frac{H_R}{H_i} \qquad (6 \cdot 1)$$

透水性の構造物の反射率 K_R に影響を与える無次元数として，B/L，U_rT/d_m，U_rd_m/ν，λ などがある．ここで B は構造物の幅，L は波長，U_r は代表的な水平水粒子速度，T は周期，d_m は部材などの代表的な寸法，ν は海水の動粘性係数，λ は空隙率であり，U_rT/d_m は KC 数 (Keulegan–Carpenter number)，U_rd_m/ν はレイノルズ数 (Reynolds number) である．

一様な勾配をもつ滑らかな斜面に波が作用した場合の反射率 K_R は，ミッシェ (Miche) によると，式 (6・2) で示される波形勾配臨界値 $[H_0/L_0]_{crit}$ より小さな波は斜面で完全に反射する．しかし，これより大きな波の反射率は式 (6

150 6章　海岸の施設

·3) で与えられる[1].

$$\left[\frac{H_0}{L_0}\right]_{\mathrm{crit}} = \left(\frac{2\alpha}{\pi}\right)^{\frac{1}{2}} \sin^2\frac{\alpha}{\pi} \tag{6·2}$$

ここで，α は斜面が水平となす角（ラジアン）

$$K_R = \frac{\left[\dfrac{H_0}{L_0}\right]_{\mathrm{crit}}}{\left[\dfrac{H_0}{L_0}\right]} \tag{6·3}$$

(a) 各種構造物の反射率の概略値

既往の諸資料により合田[2]がまとめた各種構造物の反射率の概略値は表6·1のとおりである．表中の反射率の範囲について，直立壁の場合は越波の程度によるものでほぼ天端高に比例する．斜面および天然海浜の場合は波形勾配に逆比例し，長周期のうねりが上限値に対応する．直立消波構造物の場合は上述したとおり波長と構造物の形状，寸法によって変化するので注意を要する．

表6·1　反射率の概略値[2]

構 造 様 式	反 射 率
直立壁（天端は静水面上）	0.7〜1.0
直立壁（天端は静水面下）	0.5〜0.7
捨石斜面（2〜3割勾配）	0.3〜0.6
異形消波ブロック斜面	0.3〜0.5
直立消波構造物	0.3〜0.8
天然海浜	0.05〜0.2

(b) 模型構造物の反射率算定

反射率を実験によって決定する簡便な方法に微小振幅波理論によるヒーリー（Healy）の方法がある．規則波に対する模型構造物の反射率 K_R は，構造物前面の波高分布を1/2波長以上の距離にわたって測定し，その極大波高 $H_{\max}$ および極小波高 $H_{\min}$ から式（6·4）のとおり求められる．入射波高 H_i と反射波高 H_R は式（6·5）のとおりである．

$$K_R = \frac{H_{\max} - H_{\min}}{H_{\max} + H_{\min}} \tag{6·4}$$

$$H_i = \frac{H_{\max} + H_{\min}}{2}, \quad H_R = \frac{H_{\max} - H_{\min}}{2} \tag{6·5}$$

なお，不規則波の場合は，水路内の2点で同時に水位変動を観測し，それらか

6·1 波と構造物 **151**

ら入・反射波のスペクトルを推定し，反射率を求める方法がある[3]．

例題 6·1 ある構造物の反射率を求めるため実験している．ヒーリーの方法により極大波高と極小波高を測定したところ，それぞれ 5.6, 2.4 cm であった．この場合の入射波高，反射波高ならびに反射率を求めよ．

［解］ $H_{max} = 5.6$ cm, $H_{min} = 2.4$ cm なので，

$$入射波高 \ H_i = \frac{H_{max} + H_{min}}{2} = \frac{5.6 + 2.4}{2} = 4.0 \text{ cm}$$

$$反射波高 \ H_R = \frac{H_{max} - H_{min}}{2} = \frac{5.6 - 2.4}{2} = 1.6 \text{ cm}$$

$$反射率 \ K_R = \frac{H_R}{H_i} = \frac{1.6}{4.0} = 0.40$$

(3) 伝 達 率

透水性の構造物に波が入射すると，エネルギーの一部は沖側に反射したり，堤体内で消失したりするが，残存した波のエネルギーは堤体内を通過して，波となって岸側の水域に伝わっていく．また，不透過性の構造物でも天端が低い場合，入射波が堤体上を越えて岸側の水域に打ち込み，波を発生させる．このように堤体を通過するか越波して岸側に伝搬する波を透過波もしくは伝達波（transmitted waves）という．

この場合，式（6·6）で示される入射波高 H_i に対する伝達波高 H_T の比を伝達率（transmission coefficient）（あるいは透過率）と呼ぶ．

$$K_T = \frac{H_T}{H_i} \tag{6·6}$$

なお，透水性の構造物の伝達波高 H_T が，堤体透過波による伝達波高 $H_{T,t}$ と，越波による伝達波高 $H_{T,0}$ とから合成されている場合，それぞれの伝達率は次式で示される．

$$K_{T,t} = \frac{H_{T,t}}{H_i}, \quad K_{T,0} = \frac{H_{T,0}}{H_i} \tag{6·7}$$

実際の構造物からの伝達率は，水理模型実験や既往の実験結果を参考にして決定されるが，天端の高い透水層式直立堤や透水壁式構造物について近藤ら[4]は伝達率の理論解析を行っている．

伝達率 $K_{T,t}$ に影響を与える無次元数として，B/L, H_i/L, H_i/h, B/d_m, λ などがある．ここで，h は設置水深であり，$K_{T,t}$ は B/L, H_i/L ならびに H_i/h

152 6章 海岸の施設

が大きいほど，また B/d_m が大きく，λ が小さいほど小さい値をとる性質がある．

伝達率 $K_{T,0}$ に影響を与える無次元数として，h_c/H_i，H_0'/L_0，h/L_0，d/h，Δ 等がある．ここで，h_c は天端高，H_0' は換算沖波波高，L_0 は沖波波長，d は混成堤のマウンド水深，Δ は堤体の消波率で，$K_{T,0}$ は h_c/H_i や d/h が小さいほど大きな値をとる．

(a) 傾斜堤の伝達率

消波ブロック傾斜堤の伝達率 K_T について，坂本ら[5]は越波の有無を考慮して規則波による実験式を次のとおり提案している．

$$K_T = \max\{K_{T1}, K_{T2}\} \tag{6·8}$$

ここで，$\max\{a, b\}$ は a，b のうち大きい方の値を示す．K_{T1} は，式 (6·9) で与えられる越波しないときの伝達率で前述の $K_{T,t}$ に相当する．K_{T2} は，式 (6·10) で与えられる越波するときの伝達率で，前述の $K_{T,t}$ と $K_{T,0}$ が同時に生じている場合に相当する．

$$K_{T1} = \left\{ 1 + 0.32 K_A^{0.75} \left(\frac{H_i}{L} \right)^{0.5} \right\}^{-0.2} \tag{6·9}$$

$$K_{T2} = 1.80 \left(\frac{B}{L} - 0.6 \right) \left(\frac{h_c}{H_i} - 0.85 \right) + 0.4 \tag{6·10}$$

ここで，K_A は式 (6·11) で与えられる単一断面のブロックの係数，B は静水面での傾斜堤幅である．

$$K_A = \frac{\alpha(1-\eta)}{\beta} \frac{B}{d} \tag{6·11}$$

ここで，α，β はブロック形状係数，η は堤体空隙率，d はブロック寸法であり，テトラポッド，中空三角，六脚の $\alpha(1-\eta)/\beta$ はそれぞれ 4.84，6.07，5.64 となる．

(b) 混成堤および消波ブロック被覆堤の伝達率

混成堤の伝達波は越波の打ち込みにより発生する波が主体となる．図 6·2 は，合田[6]が規則波実験結果によりとりまとめた混成堤の伝達率算定図であり，不規則波についても適用可能であることが示された[7]．

混成堤の前面を消波ブロックで被覆した消波ブロック被覆堤の越波による伝達率について，近藤らは規則波実験により実験式を次のとおり提案している[8]．

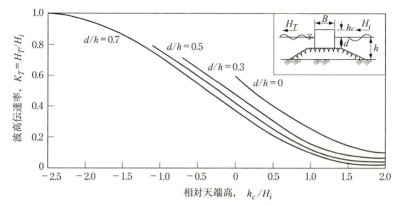

図 6・2 混成防波堤の波高伝達率（合田）[6]

$$K_{T,0} = 0.3\left(1.1 - \frac{h_c}{H_i}\right) \quad \text{ただし，} \quad \frac{h_c}{H_i} \leq 0.75 \tag{6・12}$$

ここで，h_c は静水面から測った堤体の天端高である．

■**例題 6・2** ■ 混成防波堤（マウンド水深 d/堤脚水深 h = 0.5）について，入射波高 5 m に対して岸側への越波による伝達波高を 1 m 以下にしたい．必要最小限の天端高 h_c を求めよ．

［解］　図 6・2 を用いると，波高伝達率 K_T は，$K_T = H_T/H_i \leq 1/5 = 0.2$ となるように天端高を定めるとよい．

図中 d/h = 0.5 の線から，縦軸 K_T = 0.2 に対応する横軸 h_c/H_i の値を読み取ると，h_c/H_i = 0.7 となる．

よって，$h_c \geq 0.7 \times 5$ m = 3.5 m

(4) 波の打ち上げ

海岸護岸や堤防などの構造物に波が入射すると，水粒子はそれら構造物の表面を遡上する．これが波の打ち上げ（wave runup）であり，図 6・3 に示すとおり静水面から打ち上げの最高水位までの鉛直距離を打ち上げ高（wave runup height）と定義する．

打ち上げ高 R は，海岸構造物の天端高を決定するために重要な項目で，換算沖波波高 H_0' で割って無次元化した相対打ち上げ高 R/H_0' で評価される．

この R/H_0' に影響を与える項目としては，H_0'/L_0，h/L_0，海底勾配 θ，構

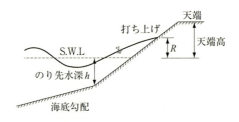

図6・3 打ち上げの定義

造物の斜面勾配 α,粗度,堤脚水深と砕波点の相対位置などがある.

(a) 重複波水深領域に斜面がある場合

高田[9),10)]は,堤脚水深 h が重複波水深(砕波以深)領域にある場合の打ち上げ高の算定式を,規則波の模型実験結果から求めた.なお,斜面上での砕波の発生は,ミッシェ(Miche)の算定式(式(6・2))を参考に,式(6・13)に示す斜面傾斜角 α_c より斜面勾配 α が大きい場合とした.

$$\left(\frac{2\alpha_c}{\pi}\right)^{1/2}\sin^2\frac{\alpha_c}{\pi}=\frac{H_0'}{L_0} \tag{6・13}$$

① 斜面上で砕波がない場合($\alpha \geq \alpha_c$)の打ち上げ高 R

$$\frac{R}{H_0'}=\frac{R}{H_I}\cdot\frac{H_I}{H_0'}=\frac{R}{H_I}\cdot K_s$$
$$=\left[\sqrt{\frac{\pi}{2\alpha}}+\pi\frac{H_I}{L}\coth(kh)\times\left\{1+\frac{3}{4\sinh^2(kh)}-\frac{1}{4\cosh^2(kh)}\right\}\right]\cdot K_s \tag{6・14}$$

ここで,H_I は斜面先端における波高,K_s は浅水係数,kh は $2\pi h/L$ である.

② 斜面上で砕波する場合($\alpha<\alpha_c$)の打ち上げ高 R

$$\frac{R}{H_0'}=\left[\sqrt{\frac{\pi}{2\alpha_c}}+\pi\frac{H_I}{L}\coth(kh)\times\left\{1+\frac{3}{4\sinh^2(kh)}-\frac{1}{4\cosh^2(kh)}\right\}\right]$$
$$\cdot K_s\cdot\left(\frac{\tan\alpha}{\tan\alpha_c}\right)^{2/3} \tag{6・15}$$

(b) 砕波以浅領域に斜面がある場合

高田[11)]は,砕波以浅領域での波の打ち上げ高 R を式(6・16)で与えている.

$$\frac{R}{H_0'}=\left(\frac{R_{\max}}{H_0'}-\frac{R_0}{H_0'}\right)\frac{h}{h_R}+\frac{R_0}{H_0'} \tag{6・16}$$

ここで，R_0 は汀線 ($h=0$) での堤体への打ち上げ高で，式 (6·17) で与えている．

$$\frac{R_0}{H_0'} = \begin{cases} 0.18/\sqrt{H_0'/L_0} & ;海底勾配\ 1/10 \\ 0.075/\sqrt{H_0'/L_0} & ;海底勾配\ 1/20 \\ 0.046/\sqrt{H_0'/L_0} & ;海底勾配\ 1/30 \end{cases} \quad (6\cdot17)$$

h_R は波の打ち上げ高を最大にする堤脚水深で，図 6·4 の H_0/L_0 を H_0'/L_0 と読みかえて推定する．R_{max} は重複波水深領域における $h=h_R$ としたときの打ち上げ高である．

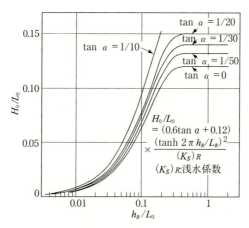

図 6·4 h_R の推定図（高田）[11]

(5) 越　　　波

波が海岸護岸や堤防などに打ち上げた場合，打ち上げ高よりも構造物の天端が低いとき，海水が堤内に流入する．この現象を越波（wave overtopping）とよぶ．越波の程度は，構造物の単位長さ当たりの波の一周期間における全越流水量である越波量 Q（wave overtopping rate, 単位：m³/m）や，越波量 Q の時間当たりの平均流量である越波流量 q（wave overtopping quantity, 単位：m³/s/m）で示される．

越波流量 q は，海岸構造物の天端高や構造形式を決定するために重要な項目で，$q/\sqrt{2g(H_0')^3}$ と定義した無次元数で評価される．この $q/\sqrt{2g(H_0')^3}$ に影響を与える項目としては，H_0'/L_0, h/H_0', h_c/H_0', 構造物ののり面勾配，消

波工の有無,風速などがある.

(a) 直立護岸および消波工護岸の越波量

合田ら[12]は,根固工や波返し工を持たない単純な形状の直立護岸および消波工護岸について,不規則波実験および越波計算により,図6・5および図6・6に示す越波流量算定図を作成した.

(b) 許容越波流量

海岸護岸や堤防の設計では,ある程度の越波を許容することを前提にしているため,背後地の利用状況,排水能力,被覆工などから提案されている許容越波流量を参考に天端高や構造形式が決定される.

合田[13]は,既往の被災事例から被災限界越波流量を表6・2のとおり提案した.また,福田ら[14]は新潟東港の防波護岸の背後地の利用状況より,表6・3に示す許容越波流量を提案した.

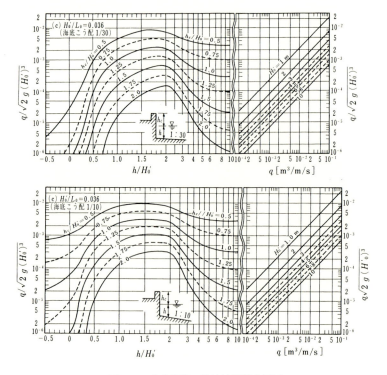

図6・5 直立護岸の越波流量推定図[12]

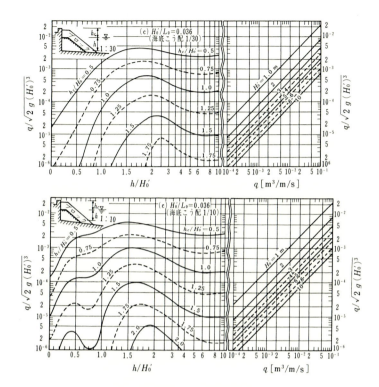

図 6·6 消波護岸の越波流量推定図[12]

表 6·2 被災限界の越波流量[13]

種別	被覆工	越波流量 [m³/m·s]
護岸	背後舗装ずみ	0.2
	背後舗装なし	0.05
堤防	コンクリート三面巻き	0.05
	天端舗装・裏のり未施工	0.02
	天端舗装なし	0.005 以下

158 6章 海岸の施設

表 6·3 背後地利用状況からみた許容越波流量[14)]

利 用 者	堤防からの距離	越波流量 [m³/m·s]
歩 行 者	直背後 (50% 安全度)	2×10^{-4}
	直背後 (90% 安全度)	3×10^{-5}
自 転 車	直背後 (50% 安全度)	2×10^{-5}
	直背後 (90% 安全度)	1×10^{-6}
家 屋	直背後 (50% 安全度)	7×10^{-5}
	直背後 (90% 安全度)	1×10^{-6}

■■例題 6·3 ■ 海底勾配 1/10 の海岸に直立護岸と消波ブロック付護岸を建設する.護岸背後に舗装がないため許容越波流量 q [m³/m·s] を 0.05 とした.設置位置での水深 $h = 5$ m,換算沖波波高 $H_0' = 5.62$ m,周期 $T = 10$ s として,それぞれの護岸の天端高 h_c を求めよ.

[解] 使用する算定図は,海底勾配 1/10 で,$H_0'/L_0 = 5.62/156 = 0.036$ の図である.

$$\frac{h}{H_0'} = 0.8896, \qquad \frac{q}{\sqrt{2gH_0'^3}} = \frac{0.05}{\sqrt{2 \times 9.8 \times 5.62^3}} = 8.5 \times 10^{-4}$$

直立護岸では図より $\dfrac{h_c}{H_0'} = 1.3$ なので,$h_c = 7.31$ m

消波護岸では図より $\dfrac{h_c}{H_0'} = 0.75$ なので,$h_c = 4.22$ m

6·2 波 力

(1) 波力の種類

6·1 節では海岸構造物によって波がどのように変形するのかを述べたが,海岸構造物を設計する場合,外力として一番重要な項目は波力である.

海水中の構造物に作用する波力は,構造物と波の相互作用によるため,構造物の種類,設置位置によって次のように分けられる.

(a) 構造物形式と波力

① 波の進行を阻害しにくい孤立した構造物に作用する力(前出図 6·1 (a))

② 入射する波のエネルギーの一部が伝達されるような透水性を有する構

造物に作用する波力（前出図 6·1 (b)）

③　波の進行を完全に阻止する不透過性の壁状構造物に作用する波力（前出図 6·1 (c)）

(b) 構造物の設置位置と波力

①　砕波帯以深の非砕波領域での波力

②　砕波帯付近の砕波領域での波力

③　砕波帯以浅の砕波後の波による波力

したがって波力の種類はこれらの組合せにより，3×3＝9 種あることになるが，一般的には，(a)①の構造物は沖合に設置されるので，(b)①の波力が適用される場合が多い．それに対して，(a)②と (a)③の構造物は砕波帯に設置される場合が多いので，(b)②の波力が重要になることが多い．

(2) 孤立構造物に作用する波力

モリソン（Morison）[15]は，小口径の杭に作用する全波力 F_T を，円柱背後のうずによる圧力差によって生じる抗力 F_D（drag force）と，円柱の存在による円柱周囲の流体が加速または減速されるために生じる慣性力 F_M（inertia force）の和として考えた．この式はモリソン式（Morison's equation）とよばれ，式（6·18）で示される．この式は実用上ほぼ妥当な波力を与えることが経験的に認められており，北海道開発局開発土木研究所の留萌海域での実証試験[16]で，高レイノルズ領域でも妥当性が確認された．

$$F_T = F_D + F_M$$
$$F_D = \frac{w_0}{2g} C_D A_n |v| v \qquad\qquad (6·18)$$
$$F_M = \frac{w_0}{g} C_M V_B \frac{dv}{dt}$$

ここで，w_0 は流体の単位体積重量，C_D は抗力係数，C_M は慣性力係数，A_n は水粒子速度 v の方向への物体の投影面積，V_B は物体の体積である．

(a) 抗力係数と慣性力係数

抗力係数 C_D および慣性力係数 C_M は，部材の形状，表面の粗度，レイノルズ数（Re 数），クーリガン・カーペンター数（KC 数），隣接部材との間隔などによって変化するので，これらの条件を考慮して設定することが必要である．

円柱部材について，波の有限振幅性を考慮する場合，C_M は 1.0 を標準とし

ており[17]，直径が波長の 1/10 以下の場合，C_M は 2.0 を標準としている[17]．なお，北海道開発局開発土木研究所の現地測定では，$C_D = 0.60 \pm 0.17$（平均値±標準偏差），$C_M = 1.23 \pm 0.34$ の値を得ている[16]．

(b) 鉛直円柱部材に作用する波力

一般に海洋構造物の主要部材として，水平円柱部材と鉛直円柱部材がある．

水平円柱部材について，波の進行方向と直角な平面内に部材がある場合は，式（6・18）の流速 v を中心軸での水粒子速度として，水平ならびに鉛直方向に作用する波力が推定できる．

鉛直円柱部材については，水粒子速度が鉛直分布を有するため，一般に深さ方向に異なる波力分布となる．ここでは，図 6・7 に示すような水底から水面まで立上った鉛直円柱部材に作用する水平波力の推定式を検討する．座標の原点は円柱の中心軸と水底との交点におき，鉛直上向きに s 軸を，水平方向に x 軸をとる．円柱の s 点から上に高さ ds の微小円柱部分をとると，その部分に作

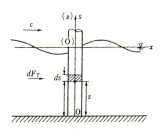

図 6・7 鉛直円柱に作用する波力の説明図

用する波力の合力 dF_T は式（6・19）で与えられる．

$$dF_T = dF_D + dF_M$$
$$dF_D = \frac{w_0}{2g} C_D |u| u D ds \qquad (6\cdot19)$$
$$dF_M = \frac{w_0}{g} C_M \frac{\pi D^2}{4} \frac{\partial u}{\partial t} ds$$

ただし，D は鉛直円柱部材の直径で，$du/dt \approx \partial u/\partial t$ としている．なお，微小振幅波の波形 η と x 軸方向の水粒子速度 u は式（6・20）のとおりである．

$$\eta = \frac{H}{2}\sin\theta'$$
$$u = \frac{\pi H}{T}\frac{\cosh(ks)}{\sinh(kh)}\sin\theta' \tag{6·20}$$

ここで，H は波高，T は周期，L は波長，$k = 2\pi/L$，$\theta' = \dfrac{2\pi}{T}t - \dfrac{2\pi}{L}x$ である．

この鉛直円柱部材に作用する全水平波力 F_T は，式（6·20）を式（6·19）に代入し，水底（$s = 0$）から水面（$s = h + \eta$）まで積分することによって，式（6·21）のとおり得られる．

$$
\begin{aligned}
F_T &= \int_0^{h+\eta} dF_D + \int_0^{h+\eta} dF_M \\
&= \frac{w_0 C_D D H^2}{16\sinh(2kh)}\Big[\sinh(2k(h+\eta)) + 2k(h+\eta)\Big]\cdot|\sin\theta'|\sin\theta' \\
&\quad + \frac{\pi w_0 C_M D^2 H}{8\cosh(kh)}\Big[\sinh(k(h+\eta))\Big]\cos\theta'
\end{aligned} \tag{6·21}
$$

上式で η も θ' の関数なので，一般に F_T は θ' の関数となるため，波力の最大値 $F_{T,\max}$ は，θ' を変化させて上式で試行的に計算しなければ求まらない．ただし，$h \gg \eta$ あるいは円柱が常に水面下にある場合は，上式の［　］内は θ' と無関係になるから，F_T は式（6·22）のとおり表現できる．

$$F_T = (F_{D,\max})|\sin\theta'|\sin\theta' + (F_{M,\max})\cos\theta' \tag{6·22}$$

この式について，$F_{T,\max}$ を求めると式（6·23）のとおりとなる[18]．

$$
\begin{aligned}
&2(F_{D,\max}) > F_{M,\max} \text{ で，}\quad F_{T,\max} = F_{D,\max} + \frac{(F_{M,\max})^2}{4F_{D,\max}} \\
&2(F_{D,\max}) \leq F_{M,\max} \text{ で，}\quad F_{T,\max} = F_{M,\max}
\end{aligned} \tag{6·23}
$$

以上は波を微小振幅波として求めた波力であるが，必要に応じて有限振幅波として計算する．

(3) 透水性を有する構造物に作用する波力

透水性を有する構造物の代表的なものは，図6·1（b）に示した捨石式傾斜堤である．この場合の波力算定は，斜面を形成する個々の捨て石やブロックが波の作用を受けても安定である質量を推定することである．

(a) 斜面上の石ならびにブロックの安定質量

斜面上に積まれた石やブロックが波の作用を受けると，図6·8に示したとおり斜面に直角方向に揚力（lift force）が作用して斜面に下向きの重量が減少し

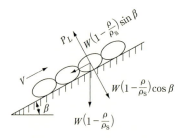

図 6・8 斜面上の捨石の安定

た状態になる．この状態で石やブロックが斜面上に留まるか否かは，摩擦力と斜面を滑り下ろそうとする力の大小で決まることになる．

斜面上に積まれた石やブロックの安定な最小質量 M（所要質量（required mass for stability））は，「安定数によるハドソン式」と呼ばれる式（6・24）で与えられる[19]．

$$M = \frac{\rho_r H^3}{N_S^3 (S_r - 1)^3} \tag{6・24}$$

ここで，M は捨石またはブロックの最小質量 [kg]，ρ_r は捨石またはブロックの密度 [kg/m³]，N_S は安定数である．なお，式（6・24）のもとになったハドソン式は，式（6・25）のとおりである[20]．

$$W = \frac{\rho_s H^3}{(S_c - 1)^3 K_D \cot \beta} \tag{6・25}$$

ここで，H は有義波高 [m]，W は捨石の安定質量 [kg]，S_c は捨石と水の密度比（ρ_s/ρ），ρ_s は捨石の密度 [kg/m³]，β は斜面の水平に対する角度，K_D は安定係数（stability factor）である．

(b) 安定数 N_S

安定数 N_S は，被覆材の形状，勾配，積み方，設置位置，被害率，波の斜面上での砕波の有無などの効果を考慮する係数で，谷本らの式や高橋・木村らによる拡張された谷本式が提案されている[21]．ただし，表 6・4 に示されたような K_D 値と斜面勾配を有する被覆材の安定数 N_S は，式（6・26）の関係から推定してもよい[22]．

$$N_S^3 = K_D \cot \beta \tag{6・26}$$

表6·4 表層としての K_D 値（2層）[22]

被 覆 層	堤 幹 部		堤 頭 部		
	K_D の値		K_D の値		斜面勾配
	砕波	非砕波	砕波	非砕波	$\cot\theta$
丸味を帯びた石	1.2	2.4	1.1	1.9	1.5〜3.0
角ばった石	2.0	4.0	1.9	3.2	1.5
			1.6	2.8	2.0
			1.3	2.3	3.0
テトラポッド	7.0	8.0	5.0	6.0	1.5
			4.5	5.5	2.0
			3.5	4.0	3.0
トリバー	9.0	10.0	8.3	9.0	1.5
			7.8	8.5	2.0
			6.0	6.5	3.0
ドロス	15.8	31.8	8.0	16	2.0
			7.0	14	3.0

(4) 不透過性の壁状構造物に作用する波力

代表的な不透過性の壁状構造物は，直立防波堤（vertical breakwater）や混成防波堤（composite breakwater）であり，それに作用する波力としては，直立壁に作用する波力が重要である．この波力は，作用する波の形態によって，非砕波が作用して生じる重複波力（standing wave force），直立壁のやや沖側で砕波した波が作用して生じる砕波力（breaking wave force），砕波後の波による波力に分類される．

ここでは，重複波力の推定式としてサンフルー（Sainflou）の簡略式，砕波力の推定式として広井式，さらに重複波力から砕波力領域まで連続的に波力を推定できる合田式を示す．なお，砕波後の波による波力の推定式の掲載は省略するが，本間・堀川・長谷の式[23]や富永・久津見の式[24]がある．

(a) 重複波の波圧式

重複波力が適用されるのは，入射波の有義波高を $H_{1/3}$，壁体前方の最も浅い水深を h' とするとき，$h' \geqq 2H_{1/3}$ の場合である．

サンフルーが1928年に提案した有限振幅波の一種であるトロコイド（trocoid）波理論による重複波圧分布が複雑であるため，直線分布で近似したサンフルーの簡略式（式（6·27））が重複波の波圧式として用いられている．

(1) 水平波圧

① 壁面に波の峰があるとき

この場合の波圧分布は，図6・9 (a) のとおりである．

$$\left.\begin{aligned} p_1 &= \frac{(p_2 + w_0 h)(H + \delta_0)}{(h + H + \delta_0)} \\ p_2 &= \frac{w_0 H}{\cosh(2\pi h/L)} \\ \delta_0 &= \left(\frac{\pi H^2}{L}\right)\coth\left(\frac{2\pi h}{L}\right) = \frac{\pi H^2}{(L\tanh(2\pi h/L))} \end{aligned}\right\} \quad (6\cdot 27)$$

ここで，p_1, p_2 は波圧強度 [kN/m²]，h は壁体前面の水深 [m]，H は壁体位置における進行波としての波高 [m]，L は水深 h における波長 [m]，w_0 は海水の単位体積重量 [kN/m³] である．

② 壁面に波の谷があるとき

この場合の波圧分布は，図6・9 (b) のとおりで，波圧は式 (6・28) のとおり港内側から港外側に向かって作用する．

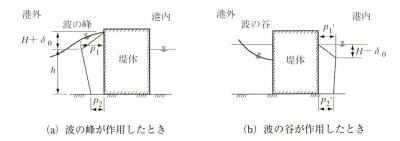

(a) 波の峰が作用したとき　　(b) 波の谷が作用したとき

図6・9　重複波波圧

$$\left.\begin{aligned} p_1' &= w_0(H - \delta_0) \\ p_2' &= p_2 \end{aligned}\right\} \quad (6\cdot 28)$$

(2) 揚圧力と浮力

堤体の天端高が静水面上 $H + \delta_0$ より高い場合，越波が生じないと考えて，揚圧力を図6・10のとおり堤体前趾で p_u，後趾で0となる三角形分布で堤体の底に作用させる．ただし，浮力は静水面以下の堤体に作用させる．

堤体の天端高が低い場合は，堤体全体に浮力を作用させ，揚圧力は作用させない．

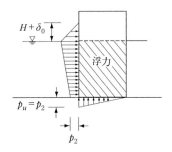

図 6·10 揚圧力分布

$$p_u = p_2 = p_2' = \frac{w_0 H}{\cosh\left(\dfrac{2\pi h}{L}\right)} \tag{6·29}$$

(b) 砕波の波圧式

砕波圧が適用されるのは，入射波の有義波高を $H_{1/3}$，壁体前方の最も浅い水深を h' とするとき，$h' < 2H_{1/3}$ の場合である．砕波圧の式としては欧米で用いられているミニキン（Minikin）の式もあるが，ここでは我が国で明治以降，近年まで使用されてきた広井式を示す．

(1) 水 平 波 圧

広井[25]は，1919 年に定常な噴流が平面に作用する動圧をモデルとして，運動量の式から砕波圧式を導いた．その後若干修正されて式（6·30）に示す広井式となった．広井式の特徴は，波圧を波高に直接結びつけたことで，波圧分布は，図 6·11 のとおり一様に分布される．

$$p = 1.5\, w_0\, H_{1/3} \tag{6·30}$$

ここで，p は波圧強度 [kN/m^2]，$H_{1/3}$ は壁体位置における進行波としての有

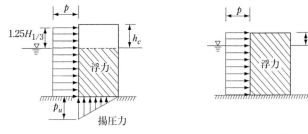

(a) 天端が高いとき（$h_c \geqq 1.25 H_{1/3}$）　　(b) 天端が低いとき（$h_c < 1.25 H_{1/3}$）

図 6·11 広井式の適用説明図

義波高 [m],w_0 は海水の単位体積重量 [kN/m³] である.

(2) 揚圧力と浮力

堤体の天端高が静水面上 $1.25 H_{1/3}$ より高い場合,越波が生じないと考えて,揚圧力を図 6·11 (a) のとおり堤体前趾で p_u,後趾で 0 となる三角形分布で堤体の底に作用させる.ただし,この場合の浮力は静水面以下の堤体に作用させる.なお,堤体の天端高が低い場合は,堤体全体に浮力を作用させ,揚圧力は作用させない.

$$p_u = 1.25 w_0 H_{1/3} \tag{6·31}$$

(3) 波向による波圧の補正

波向が壁体の法線に対して傾斜している場合,重複波圧のような静水圧的な力とは違い,砕波圧のように動圧的な力は図 6·12 および式 (6·32) のとおり補正される.

$$p = p_0 \cos^2 \theta \tag{6·32}$$

ただし,p_0 は直角入射(図 6·12 の垂線の方向から)の場合の砕波の波圧強度 [kN/m²],θ は壁体法線の垂線と波の主方向から ±15° の範囲で最も危険な方向となす角 [度] である.

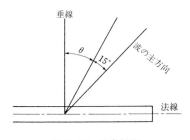

図 6·12 波向補正

(c) 合田式

重複波圧から砕波圧への移行は,波高の増大に伴って連続的に起こる.しかし,前述してきた波圧式で算定すると,波圧式の適用条件の水深で波力の不連続が生じる.この不連続性を初めて解消したのが伊藤ら[26]による期待滑動量方式である.

合田は伊藤の考えを発展させ,不規則波を対象に理論,実験ならびに現地防波堤の被災例の調査から,重複波圧から砕波圧に至るまで一貫して算定できる合田式を提案した[27),28)].

この波圧式の特徴は，以下のとおりである．
① 重複波圧，砕波圧を連続的に算定できること
② 波高として最高波高 H_{max} を採用したこと
③ 波の周期や海底勾配の影響を算定式に取り入れたこと
④ 捨石マウンドの高さの影響を算定式に取り入れたこと
⑤ 既設防波堤の耐波実績をよく説明できること

(1) 前面波圧

前面波圧分布は，図 6·13 に示すとおり静水面の高さで最大値 p_1，静水面上 η^* の高さで 0，水底で p_2 となる直線分布とし，直立壁底面から天端までの波圧を考慮する．

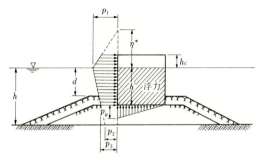

図 6·13 合田式の波圧分布

$$\left.\begin{array}{l}
\eta^* = 0.75(1+\cos\theta)H_D \\[4pt]
p_1 = \dfrac{1}{2}(1+\cos\theta)(\alpha_1+\alpha_2\cos^2\theta)\rho_0 gH_D \\[4pt]
p_2 = p_1/\cosh(2\pi h/L) \\[4pt]
p_3 = \alpha_3 p_1 \\[4pt]
\alpha_1 = 0.6+\dfrac{1}{2}\left[\dfrac{4\pi h/L}{\sinh(4\pi h/L)}\right]^2 \\[4pt]
\alpha_2 = \min\left\{\dfrac{(h_b-d)}{3h_b}\left(\dfrac{H_D}{d}\right)^2, \dfrac{2d}{H_D}\right\} \\[4pt]
\alpha_3 = 1-\dfrac{h'}{h}\left[1-\dfrac{1}{\cosh(2\pi h/L)}\right]
\end{array}\right\} \quad (6\cdot 33)$$

ここで，η^* は静水面上波圧強度が 0 となる高さ [m]，p_1 は静水面における波圧強度 [kN/m^2]，p_2 は海底面における波圧強度 [kN/m^2]，h は直立壁前面における水深 [m]，h_b は直立壁前面から沖側へ有義波高の 5 倍だけ離れた地

168 6章 海岸の施設

点での水深 [m]，h' は直立壁底面の水深 [m]，d は根固め工またはマウンド被覆工天端のいずれかの小さい水深 [m]，L は水深 h における波長 [m]，min $|a, b|$ は a または b のいずれか小の値，θ は壁体法線の垂線と波の主方向から ±15° の範囲で最も危険な方向となす角 [度]，$\alpha_1 \sim \alpha_3$ は波圧係数，ρ_0 は海水の密度 [t/m³] である．

(2) 揚圧力および浮力

直立壁底面に働く揚圧力は越波の有無にかかわらず，前趾で式 (6·34) で与えられる強度 p_u [kN/m²] で，後趾で 0 となる三角形分布とする．なお，浮力は静水面以下の堤体に作用させる．

$$p_u = \alpha_1 \alpha_3 \rho_0 g H_D \tag{6·34}$$

(3) 設計計算に用いる波高および波長

式 (6·33) の計算に用いる波高 H_D は以下に示す最高波高 H_{max} を用い，波長 L は有義波周期に対応する波長とする．

① 直立壁が砕波帯より沖側にある場合

$$H_D = H_{max} = 1.8 H_{1/3} \tag{6·35}$$

ここで，$H_{1/3}$ は直立壁前面水深における有義波高 [m] である．

② 直立壁が砕波帯内にある場合

H_D＝不規則波の砕波変形を考慮した H_{max}

ただし，最高波高は直立壁から $5H_{1/3}$ だけ沖側にある地点での水深に対する値を用いる．

6·3 海岸保全施設

(1) 海岸保全施設の分類

「海岸施設設計便覧」[29] によると，海岸施設を機能面からみると，表6·5 のとおり分類される．同表では，海岸施設を，

- ① 漂砂制御（侵食対策）施設
- ② 波浪・高潮対策施設
- ③ 津波対策施設
- ④ 飛砂・飛沫対策施設
- ⑤ 海岸環境創造施設
- ⑥ 河口処理施設
- ⑦ 附帯設備

の七つに分類し，それぞれに主な機能と構造物による具体的な対策例を示した．

表 6·5　機能からみた海岸施設の分類[29]

施設の名称	主 な 機 能	主な構造物の例
漂砂対策施設	波や流れを制御することにより，漂砂量を制御し，海岸線の侵食や，土砂の過度の堆積を防止するもの	離岸堤，潜堤や人工リーフ，消波堤，ヘッドランド，養浜工（サンドバイパスなどを含む），護岸，地下水位低下工法，これらの複合防護工法
波浪・高潮対策施設	台風や低気圧の来襲時における水位上昇と高波の越波による浸水から背後地を守るもの	堤防，護岸および胸壁，消波施設（離岸堤，人工リーフ，消波堤，養浜工など）との複合施設，高潮防波堤，防潮水門
津波対策施設	津波の遡上を未然に防ぎ背後地を浸水から守るもの	堤防，護岸および胸壁，津波防波堤，防潮水門
飛砂・飛沫対策施設	飛砂，飛沫の発生や背後陸域への侵入を防止するための施設	堆砂垣，防風柵，ウインド・スクリーン，静砂垣，被覆工，植栽，植林
海岸環境創造施設	海岸を保全し，さらに優れた海岸環境を積極的に創造するために，海岸利用，生態系の保全，水質浄化，エネルギー利用などの観点で特別に配慮した施設	人工海浜，親水護岸，擬岩を用いた崖侵食防止工，人工干潟，藻場の造成，生態系に配慮した構造物，曝気機能付き護岸，波力発電施設
河口処理施設	洪水や高潮に対して，河川の流下能力と治水安全性を確保するための施設	導流堤，暗渠，河口水門，人工開削，堤防の嵩上げ工，離岸堤，人工リーフ
附帯設備	堤防や護岸などともに設置するもので，周辺の土地や水面の利用上から必要となる施設	水門および樋門，排水機場，陸こう，潮遊び，昇降路および階段工，えい船道および船揚場，管理用通路および避難路

　海岸保全施設が目的とする基本的な機能は，計画潮位で計画波浪が来襲したとき，計画防御線での打ち上げ高が計画打ち上げ高以下になるように海浜断面を含めて所定の条件を満たすことである．したがって，海岸保全施設の設計は，目的とする基本的な機能を満足するように構造形式，平面配置，構造諸元を施工性，経済性，社会条件などの制約条件の下で決定する機能設計と，異常外力に対して構造物が安定であるように諸元を決定する構造設計に分けられる．本節では，海岸の防護や国土保全を対象とする上記①～③の海岸保全施設について機能設計面から記述する．

(a) 漂砂制御（侵食対策）施設

　漂砂制御（侵食対策）施設は，海岸保全施設の基本計画で定められた計画汀線を維持することを目的としている．対策としては，波浪・海浜流を制御する

ことにより漂砂移動と海浜変形を制御する工法（離岸堤（detached breakwater），人工リーフ（artificial reef），ヘッドランド（headland）），直接的に漂砂移動を捕捉する方法（突堤（groin），貯砂ポケット），直接的な波力の作用を減勢させる方法（消波堤（wave absorbing breakwater）），人為的に砂を供給する方法（養浜工（beach nourishment work），サンドバイパス工法（sand bypassing method），サンドリサイクル工法（sand recycling method），前浜の地下水位を低下させることによる沖方向漂砂移動制御工法などが用いられている．

(b) 波浪・高潮対策施設

波浪・高潮対策施設は波の打ち上げや潮位の上昇による背後地の浸水・越波災害を防ぐことを目的としている．対策としては，計画潮位・計画波浪の作用下での打ち上げ高が，消波施設と最終防御施設により計画打ち上げ高以下になるように施設を配置する必要がある．消波施設としては，沖側に施工される離岸堤，人工リーフ，消波堤などの波浪制御施設や，最終防御施設前面での養浜工などが用いられる．また，高潮災害を受ける可能性の高い湾の湾口部では，高潮防波堤（storm surge protection breakwater）を設置して湾内に進入する高潮エネルギーを減衰させる方法もとられる．最終防御施設としては，堤防（dike），護岸（revetment）あるいは防潮水門（tide gate）などが用いられている．

(c) 津波対策施設

津波対策施設は津波の遡上，海水の浸入による被害を防止・軽減することを目的としている．対策としては，海岸線付近に設置する堤防，護岸，防潮水門などの最終防御施設に津波の浸入防止機能を持たせる必要がある．ただし，最終防御施設のみで津波の浸入を防護しようとすると，天端高が異常に高くなったりして，海浜部の利用や景観上好ましくない場合もあるので，沖合に津波防波堤（tunami breakwater）などを設置し，伝播する津波のエネルギーを減衰させて面的に防護することも必要である．

(2) 主要な海岸保全施設の概要

前出表6·5に示した主要な海岸保全施設について概要を説明する．

(a) 離 岸 堤

離岸堤は汀線から離れた沖側の海域に，汀線にほぼ平行に設置される構造物

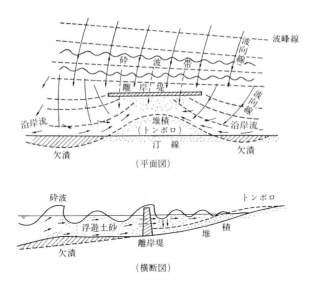

図 6・14 離岸堤とトンボロ[30]

である．目的としては，波浪を減衰して護岸などに対する波あたりを弱め，これにより砂浜の侵食や護岸の越波を防ぐことと，離岸堤背後に漂砂を捕捉し，トンボロ（tombolo）を形成させて沿岸漂砂を阻止することである．

図 6・14 は，離岸堤によるトンボロの形成過程の一例を示したものである[30]．この機構は，砕波後の波が離岸堤端部から回折で堤体背後に回り込むときに，砕波帯で海中にまき上げられた浮遊砂も一緒に運搬され，離岸堤背後に砂が舌状に沈殿するためである．なお，同図に示したとおり，汀線付近には離岸堤背面に向かう沿岸流が発生し，上手側が少しと，下手側が広範囲にわたって欠壊する可能性がある．よって，多数の離岸堤を建設する場合には，下手側海岸より建設し，上手側に移っていく必要がある．

突堤と離岸堤の採択については，沿岸漂砂の卓越方向が一定せず，また岸沖漂砂移動の大きいと思われる箇所では，離岸堤を採用すべきである．

離岸堤は，透過性より不透過型と透過型に，平面形状より連続堤と不連続堤に分類される．通常，堤体による消波と，開口部からの回折波およびそれによるトンボロ形成を期待することから，消波ブロックなどによる透過型不連続堤が多く採用されている．この場合，離岸堤の開口部に離岸流が集中し離岸堤端部の洗掘が著しくなるので，洗掘防止にも充分注意を払う必要がある．なお，

表6·6 離岸堤の長さと開口幅

名　　　称	汀線前方式	小水深方式	中水深方式	大水深方式
設 置 位 置	汀線の前	水深1m以下	水深2～4m	
離 岸 距 離		20～80m	荒天時砕波帯	
一 基 の 長 さ	$(2\sim3)L$	$(3\sim5)L$ または 60～100m	$(2\sim6)L$ または 60～200m	
開 口 幅	$1L$	$1L$ または 10～30m	$1L$ または 20～50m	
備 考	外洋に面する急深海岸：長50～100m 幅20～30m		一基のみ設置する場合の長さ：$(3\sim10)L$ または 100～300m	設置水深，回折，水面利用などより決定

浜幅が狭く局所侵食が背後地に問題を生じる場合は連続堤とする.

(1) 不連続堤の平面配置

不連続堤の平面配置（離岸距離，堤長および開口幅）については，その海岸の漂砂の動態と，海象と地形条件を考慮して総合的に判断すべきである.豊島[31]はトンボロ形成を目的とした離岸堤について，過去の施工例から表6·6に示した値を提案している.なお，表中のLは，設置位置の波長である.

(2) 離岸堤の天端高および天端幅

離岸堤の天端高は，（塑望平均満潮位 H.W.L＋$1/2\times H$＋沈下量）程度とする.ここで，Hは離岸堤設置点における進行波の有義波高であり，沈下量は既往の沈下量の範囲以内で考慮する.天端幅は，消波ブロックの場合，通常3個並べ以上が望ましい.

(b) 人工リーフ

人工リーフは，自然の珊瑚礁の持つ波浪減衰機能を天端幅の広い潜堤により人工的に創りだすための構造物で，その構造から広天端幅潜堤（wide crown submerged mound）という場合もある.人工リーフの特徴は，離岸堤と違って景観を損なうことなしに波浪を減衰したり，岸沖漂砂や沿岸漂砂を制御できる.また，養浜工や緩傾斜護岸などと組み合わせて海浜に優しく防災機能の向上を図ることが可能な面的防護の代表的構造物である.近年では，人工リーフ背後の海浜でのレクリエーションの促進以外にも，堤体自体が持つ魚礁機能や堤体により創りだされる循環流による漁場機能の向上が期待されている[32].

構造形式としては，捨石または捨ブロックによる透過型で，船舶航行の必要

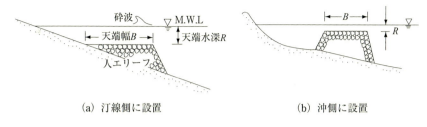

(a) 汀線側に設置　　　　(b) 沖側に設置

図 6·15 人工リーフの断面

性から不連続堤が採用されている．

(1) 人工リーフの断面形状

人工リーフの基本諸元は，図 6·15 に示す天端水深 R と天端幅 B である．通常，海浜の利用面や船舶の航路水深から天端水深を定め，次に所要の波高伝達率を確保するように天端幅を決定する．一般に波高伝達率は，R/H_0' が一定の場合，相対天端幅 B/L_0 が大きくなると小さくなるが，その減少割合も小さくなるので，B/L_0 を大きくした効果は明確でなくなる[33]．

(2) 人工リーフの平面配置

人工リーフの設置による海浜流の変化は明らかでない部分が多いので，平面配置は模型実験によって検討することが望ましい．宇多ら[34]，山崎ら[35]によると，不連続堤の場合，図 6·16 に示す堤長 L_r，開口幅 W_r および離岸距離 Y の条件により，人工リーフ周辺の流況パターンが図 6·17 のように変化する．

パターン I にみられる人工リーフ背後の循環流は，リーフ沖に砂を流出させずに人工リーフ背後にトンボロを形成させる機能がある．沿岸漂砂を制御して海浜の安定化を目的とする場合，パターン I の流況が形成されるように，$L_r/W_r<4$，$1<L_r/Y<4$ とするとよい．一方，パターン I に比べて堤長が長くなると，循環流は端部に限られて形成される．これがパターン II で，越波対策や

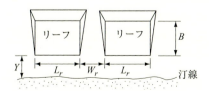

図 6·16 人工リーフの平面諸元

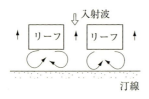
(a) パターン I ($L_r/W_r<4$, $L_r/Y=1〜4$)

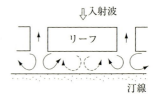
(b) パターン II ($L_r/W_r<4$, $L_r/Y>4$)

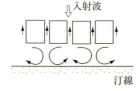
(c) パターン III ($L_r/W_r<4$, $L_r/Y<1$)

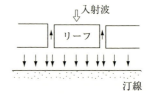
(d) パターン IV ($L_r/W_r>4$, $L_r/Y=1〜4$)

図 6・17 人工リーフ周辺に生ずる海浜流パターン[35]

海岸利用の面から，パターン I の流況となる条件より長い堤長あるいは狭い開口部とする場合は，$L_r/W_r<4$，$4<L_r/Y$ とするとよい．また，越波対策や人工リーフ岸側での循環流を抑制しつつ沖向流れの発生位置を固定する場合は，パターン IV の流況となるように，$4<L_r/W_r$，$1<L_r/Y<4$ とするとよい．

(c) 突　　堤

突堤は海岸から沖に向かって細長く突き出して設けられる構造物で，主に沿岸漂砂が卓越する海岸で古くから用いられている．突堤の機能は，沿岸漂砂の一部を突堤間に捕捉したり，沿岸流を沖側へ押しやることで沿岸漂砂量を減少させ，流入土砂量と流出土砂量の釣り合いをとり海岸侵食防止をするものである．突堤は 1 基でその機能を果たす場合（防砂堤という）もあるが，通常は多数の突堤を適当な間隔で配置した突堤群としてその効果を発揮させる．この場合の施工順序は沿岸漂砂下手側から順次上手側へ設置していく．

突堤の形式は，透過性による分類と，横断面形状による分類がある．前者は透過型と不透過型に分類され，後者は直立型（表のり勾配が 1 割より急），傾斜型（表のり勾配が 1 割より緩），混成型に分類される．

突堤の平面形状は，一般に直線型，T 型，L 型がよく用いられる．直線型は沿岸漂砂の制御のみを期待するのに対して，T 型は岸沖漂砂の制御も期待する

もので，L型は突堤群の端部に用いられる．

(1) 突堤の長さ

長さを適切に決めることは難しいが，次のように決定する．

突堤の陸上側基部は，荒天時のH.W.L時に遡上した波が背後に回り込まない位置まで設ける．また突堤の先端は，沿岸漂砂を捕捉して海浜に必要な堆積を生じる位置まで伸ばす必要がある．一般に，海底勾配が比較的急で底質粒径も粗く，波高が小さい海岸では突堤長は短くて良いが，海底勾配が緩く，底質粒径も細かい場合で波浪条件も厳しい海岸では突堤長は長くなる．

(2) 突堤の天端高

天端高の決定法は，突堤の長さと同様に定説はないが，一般的には図6・18に示すとおり，陸側の水平部分，中間の傾斜部分，先端部の三部分に分けて高さを決めている．

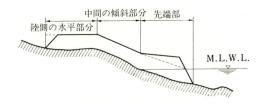

図6・18 突堤の天端高

陸側の水平部分は，H.W.L時に遡上した波が天端を越えて下手側に砂を移動させないような天端高にする．中間の傾斜部分は，M.L.W.L時の汀線上の先端部天端位置から，前浜勾配に平行に引いた線を天端高とする．先端部の天端高は，十分な漂砂の捕捉効果を期待する場合は，H.W.L程度以上の値を天端高とするとよい．

(3) 突堤間隔

突堤間の汀線形状は，図6・19に示すとおり砕波波向となす角度がほぼ直角となるように変化し，その前進・後退量は沿岸漂砂量や突堤の長さによって異なってくる．よって突堤の間隔は，突堤間の最も後退した上手側汀線部においても海浜の必要最小限の幅を確保できるように設定する．一般的に，突堤間隔は突堤の水中部長の1〜3倍とすることが多い．

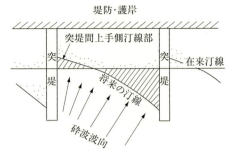

図 6・19 突堤間の汀線形状

(d) ヘッドランド

　天然の岬と岬の間にある砂浜海岸では，その海岸に来襲する波浪の卓越波向に対応した安定な海岸地形が形成される．シルベスター（R. Silvester）は，自然海岸の安定性が，波浪との相互作用によって維持されるとして，ヘッドランド（headland）を大規模な離岸堤などの人工的な構造物で置き換えて，headlandで囲まれた海域内のみで漂砂が生じる静的に安定な海浜を形成させる手法を提案した．

　この基本的な考え方は，図 6・20 に示すとおり直線状海岸をヘッドランドで区切ることにより，トンボロが形成され，ヘッドランド間の海岸線が対数らせん線で示される弧状となって延びるため，汀線単位長当たり波浪エネルギーを減少できることである．しかし，静的に安定な海浜を形成させるためには，離岸堤の設置水深も移動限界水深以深となり，その間隔も 1 km 程度で，湾入距離も長く，漂砂供給量が少ない場合は養浜も必要になるため，土屋らは，この工法を動的に海浜を安定させる場合にも拡張して安定海浜工法とよんだ．

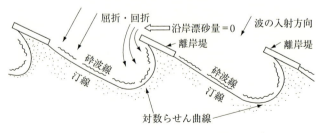

図 6・20 ヘッドランドコントロールによる静的な安定海浜[33]

(1) 安定海浜工法

土屋ら[36]は，上記工法を発展させて，図6·21に示すとおり静的および動的な安定海浜に分けて考察し，その形状特性を図6·22に示した．

図6·21によると，(a) タイプは，来襲波浪の砕波点での卓越波向は汀線と直角になり，ヘッドランドを越えて下手側への漂砂はなく，常に安定な海浜形状を保つ静的に安定な海浜である．(b) タイプは，波向β_bと汀線のなす角θ_Bの比が1より大きいので，ヘッドランドを越えて下手側への漂砂があるが，流入，流出の漂砂量のバランスがとれた動的に安定な海浜である．

図6·22に動的安定海浜の最大湾入率a/bとθ_Bとの関係を示す．図中の実線はシルベスターが求めた静的安定海浜の値であり，図中の記号はオーストラリアやマレーシアの動的安定海浜（卓越波向は，ほぼ一定）の値を示したもの

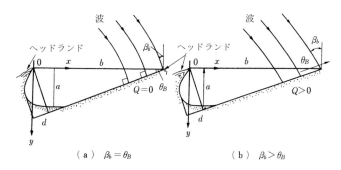

(a) $\beta_b = \theta_B$ 　　　(b) $\beta_b > \theta_B$

図6·21 安定海浜の模式図と記号[36]

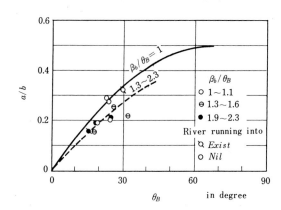

図6·22 動的安定海浜の形状特性[36]

で，静的安定海浜に較べて湾入率は小さめとなっている．

(2) 人工岬工法

沿岸漂砂の方向が季節的に変化する場合でも適用できる工法として，図6・23に示すとおり人工的な岬により海浜をポケットビーチに分割して安定化させる人工岬工法がある．

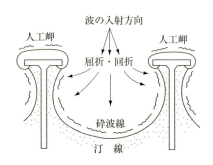

図 6・23　人工岬工法の模式図[33]

(e) 養 浜 工

前述した構造物で海岸の侵食を防止する場合，構造物に隣接した海岸への影響に注意をしなければならない．たとえば，沿岸漂砂対策として突堤群を用いた場合，突堤群の箇所で堆砂が進むとすると，漂砂の供給が少なくなる下手側の海岸では侵食が起こりやすくなる．すなわち，当該海岸の漂砂源に変化がない限り，どこかに堆積すればどこかで侵食することとなる．この侵食を防止するには，外部より砂を人為的に供給するか，堆積地点から侵食地点に人為的に砂を運搬することになるが，これらの方法が養浜工である．ただし，砂を補給するだけでは波で流出してしまう場合には，離岸堤，突堤，人工リーフ（潜堤）を併用している．

この養浜工は米国の東海岸のニュージャージー，コネチカット，フロリダ各州の海岸で施工されてきている．我が国では大阪府の二色海岸，神戸市須磨海岸，天の橋立などの事例がある．

養浜工としては，直接置換法，貯留法，連続給砂法に大別される．直接置換法は，海浜上に養浜砂を盛土して人工海浜を造成する方法で，海水浴場などのレクリエーション海浜の造成に用いられている．貯留法は，侵食海岸の漂砂上手側海岸に養浜砂を盛土しておき，波や流れの力で養浜砂を下手側海岸に拡散

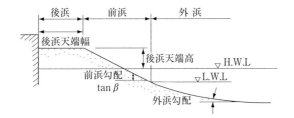

図 6·24 人工海浜の諸元

させるものである.連続給砂法は,防波堤や導流堤で沿岸漂砂が遮断されているとき,上手側に堆積した砂を下手側の侵食海岸にポンプで連続的に補給するもので,サンドバイパス工法ともいい,天の橋立で採用されている.

国土交通省の前身である運輸省は全国 12 の安定海岸の調査より,外部から養浜して安定な海岸を造成する場合,前浜勾配,後浜天端高(図 6·24 参照)と,来襲波の諸元や養浜砂との間に以下の関係があることを示した[37].

(1) 前 浜 勾 配

安定な前浜勾配は式 (6·36) で与えられる.

$$\left.\begin{array}{l} \tan\beta = \left(\dfrac{1}{1.37}\dfrac{d_{50}}{H_0}\right)^{0.158}, \quad \dfrac{d_{50}}{H_0} \geqq 2.4\times10^{-4} \\[2mm] \tan\beta = \left(376.6\dfrac{d_{50}}{H_0}\right)^{0.7856}, \quad \dfrac{d_{50}}{H_0} < 2.4\times10^{-4} \end{array}\right\} \quad (6\cdot36)$$

ここで,$\tan\beta$ は前浜勾配,d_{50} は養浜砂の平均粒径,H_0 は沖波波高である.ただし,離岸堤などで来襲波高を減じる場合は伝達率及び回折係数などを用いて沖波波高を補正する必要がある.

(2) 後浜天端高

波が堤防や護岸に直接衝突する方が前面の浜が消滅する可能性が高い.よって後浜天端高は高い方が有利となるが,原則として H.W.L 上,年 2,3 回程度の再現確率を有する荒天時の有義波を対象に,式 (6·37) で与えられる遡上高 R_r を後浜天端高の基準とする.

$$\left.\begin{array}{l} \dfrac{R_r}{H_0'} = \left(52\dfrac{H_0'}{L_0}\right)^{-2.7}, \quad \dfrac{H_0'}{L_0} \geqq 0.013 \\[2mm] \dfrac{R_r}{H_0'} = \left(8.25\dfrac{H_0'}{L_0}\right)^{-0.461}, \quad \dfrac{H_0'}{L_0} \leqq 0.013 \end{array}\right\} \quad (6\cdot37)$$

(3) 養浜材料

養浜材料は，一般に海岸の砂の粒径より大きめの粒径の砂を補給することが望ましいが，供給量や表6·7に示す要求事項を勘案して決定する必要がある．

表6·7 養浜材料として底質の粒度組成に要求される特性[37]

要求事項	底質の粒度特性
砂浜の安定	一般に粗い方がよい
海浜勾配	粗いほど急になる
海浜の浄化機能	泥質にならない程度に細かい方がよい
利用者の感覚	泥質でない程度に細かい方がよい

[f] 護岸・堤防

護岸は現地盤を被覆して，高潮や津波による海水の侵入や越波を減少させ，陸域が侵食されるのを防止する施設である．堤防は，現地盤上に盛土したり，コンクリートを打設して増嵩し，高潮や津波による海水の侵入や越波を減少させ，陸域が侵食されるのを防止する施設である．なお，これらの施設は，沿岸漂砂を積極的に捕捉する機能を持つ施設ではないので，侵食対策を目的とした場合，通常の波の作用の及ばない後浜の後端に設置する必要がある．

ここでは護岸について説明する．護岸の一般構造と形式を図6·25および図6·26に示す．同図のとおり構造形式は，構造物前面の表のり面の勾配によって傾斜型，直立型および混成型に分類される．傾斜型は1割以上の勾配のものをいい，特に3割以上のものを緩傾斜型とよんでいる．直立型は1割未満のものをいい，混成型は捨石マウンドなどの傾斜型構造物の上にケーソンやブロックなどの直立型構造物が設置されたものをいう．

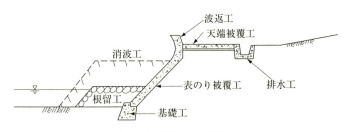

図6·25 護岸の一般構造

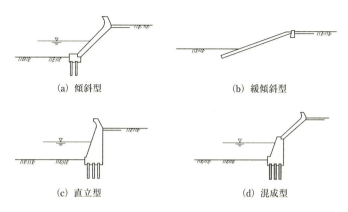

図 6·26　護岸の断面形式

(1) 天　端　高

護岸・堤防の機能は高潮や高波などによる海水の侵入から堤内地を防護することにある．したがって，天端高の決定は，設計上最も重要な事項であり，基本的には，一般に次式による．

　　　　　天端高＝設計高潮位＋来襲波浪に対する必要高＋余裕高

ここで，設計高潮位としては，既往最高潮位か朔望平均満潮面に既往最大潮位偏差などを加えたものをとる．来襲波浪に対する必要高については，堤内地の利用状況に応じて許容越波量以下にするような天端高を採用する方法と，堤防での波の打ち上げ高をもとめ，越水の防止上必要な高さを採用する考えとがある．なお，波の打ち上げ高および越波量を減ずる目的で消波工を施工する場合は，消波工の天端幅はブロック 2 または 3 個分をとる場合が多く，そのときの天端高は堤防天端高の 8 割または 7 割の高さにできる．余裕高については，明確な決定方法はないが，背後地の社会的，経済的重要度を目安として最大 1 m 程度を限度として設定する．

(g) 地下水位低下工法

地下水位低下工法は，前浜での地下水の上昇や前浜からの浸出を防止することにより前浜の侵食軽減や堆積促進を図る工法である．この工法の始まりは，1975 年にチャペル（Chappell）によって提案されたサブサンドフィルター工法（sub-sand filter system）[38]で，前浜の地下水位をポンプで吸水して強制的に低下させ，打ち上げ波の一部を地下に浸透させることにより，荒天時の前浜

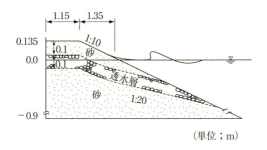

図 6・27 透水層埋設による海浜安定化工法の模型断面[40]

侵食を軽減し，静穏時の堆砂促進を図る工法である．その後，フロリダやデンマークで施工され，その効果が確認された．

一方，加藤ら[39]は，茨城県鹿島灘の海岸にある運輸省波崎海洋研究施設（現在の独立行政法人 港湾空港技術研究所）において観測した荒天時の急激な海浜侵食の実態分析から，荒天時に長周期波が砂浜の高い位置まで遡上し，その海水の一部が砂浜に浸透し，地下水位を上昇させる．その結果，前浜から地下水が浸出し，そこから急激な侵食が始まる．よって地下水の上昇を抑え，同時に前浜からの地下水浸出を防止することは，海岸保全に有効であることを示している．このため片山ら[40]は，サブサンドフィルター工法の運転コストの問題から，図 6・27 に示すとおり，砂中に設けた透水層により，前浜の地下水を沖側の海底から自然排水して地下水位を下げる透水層埋設による海浜安定化工法を考えた．模型実験により，透水層がない場合には，砂浜が侵食され，沖側の海底に堆積が生じているのに対して，透水層がある場合には断面変化が著しく減少することを示した．なお，透水層の海底での出口は砕波帯の沖側にある方がより効果があると結論づけている．

(h) 津波防波堤

津波防波堤は，湾口などに位置し，津波による堤内の水位上昇や流速を低減させ，背後地の堤防や護岸などと一体となって津波被害を防ぐ目的で築造された防波堤である．一般に津波対策としては，水際線に天端の高い堤防などを築造して堤内を防護するが，大規模な堤防などの築造により，利用度の高い水際線の土地が失われたり，そこでの社会経済活動が阻害されたりする場合がある．津波防波堤は，この弊害を避け，堤内および水面の高度な利用が可能となる．

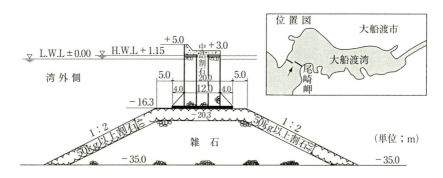

図 6・28 大船渡港津波防波堤の断面[33]

例としては，チリ地震津波後に建設された大船渡湾の津波防波堤や現在建設中の釜石湾の津波防波堤が代表的である．なお，図6・28に大船渡港津波防波堤の断面を示す．

津波防波堤の津波減殺効果は法線，特に開口部の幅によって大きく影響を受けるため，数値計算や模型実験などで効果を検証して法線を決定する必要がある．なお，大船渡港津波防波堤建設後に襲来した十勝沖地震津波では，港内水位は津波防波堤がなかった場合に比べて約1/2となったと推定されている[41]．

津波防波堤の天端高は，H.W.L時において波浪に対する遮蔽効果と津波に対する減殺効果を十分発揮しうる高さとする．また開口部やその周辺では津波で流速が大きくなるため，被覆工や頂部工に大きな揚力と抗力が作用するため十分安定な重量が必要である．

(i) 新型海域制御構造物

新型海域制御構造物とは，外海に面した水深約10m付近の海域に設置される透過型の消波構造物で，この構造物の設置により背後の海域が静穏化されることを利用して，養浜工などと組み合わせて高波や侵食による災害の恐れのない陸域を造成するという新たな面的防護方式の海岸保全施設の一つである．

開発された構造物には，水平板付スリット型構造物などのスリット式の有脚式タイプ，斜板堤の斜板式の有脚式タイプ，斜板消波堤などの潜堤式の重力式タイプ，フレキシブルマウンドの柔構造潜堤式の膜構造式タイプなどがある[42]．

184　6章　海岸の施設

6・4　海岸利用施設

　2章でも述べたように，海岸は古くから種々の目的のために利用されてきている．ここでは海岸を利用した施設のうち港湾施設，水産のための施設，海洋性レクリエーション施設について概説する．

(1) 港 湾 施 設

　港湾は全国に約1,100港あり，特定重要港湾，重要港湾および地方港湾に分かれている．港湾施設は港湾法により定められており，最も重要な施設を基本施設といい，①水域施設，②外かく施設，③係留施設，④臨港交通施設の4施設が該当する．そのほかに，荷さばき施設，旅客施設，保管施設を総称した機能施設や，航路標識などの航行補助施設，給水や給油のための役務施設などがある．ここでは水域施設，外かく施設および係留施設について述べる．

(a) 水 域 施 設

　水域施設は船舶が安全に航行，停泊，荷役のために利用する水域のことで，施設としては，航路・泊地・船だまりがある．航路は，船舶が港に出入するための通路で利用船舶の種類，トン数，利用頻度などにより航路の幅員，水深，延長，交差角が決定される．泊地は，船舶が安全に停泊できるように，静穏で，かつ十分な面積を有し，底質は錨がかりが良いことが望まれるが，場合によって係船浮標の設置も必要となる．また，漂砂の影響を受けるような港湾においては，航路，泊地の埋没防止を考慮した防波堤の配置計画が重要となる．

(b) 外かく施設

　外かく施設は，港内を静穏に保つための防波堤や波除堤，航路・泊地の水深を維持するための防波堤，防砂堤および導流堤，港湾周辺の海岸保全のための突堤，離岸堤，海岸堤防および海岸護岸，港湾の各種施設や背後地を高潮，津波および高波から守るための高潮堤，防潮堤，津波堤，防潮水門および閘門からなっている．

(1) 防波堤計画

　外かく施設の中でも特に重要な施設は防波堤で，その配置計画に当たっては次の項目に十分配慮することが必要である．

　　①　港内を充分に静穏に保ち，船舶の荷役の年間稼働率が95〜97.5％以上

になるように防波堤の法線を決定すること
② 港口の方向は卓越波浪方向を避けるとともに，港口近傍の潮流速度が大きくない位置を選ぶこと
③ 港口幅は対象船舶の航行に支障ない幅にすること
④ 漂砂海岸では，漂砂の侵入をできるだけ抑える配置にすること
⑤ 寒冷地の港湾においては港内結氷防止を考慮した配置にすること
⑥ 港湾の将来の拡張計画等にも対応可能な配置とすること

(2) 防波堤の構造

防波堤の基本型式は図 6·29 に示すとおり，傾斜堤，直立堤，混成堤の 3 型式である．

傾斜堤は割石あるいは異形ブロックを用いる型式で，石材の豊富な欧米に多いが，大波浪で漂砂の多い場所では適さない．

直立堤は基礎が岩盤である場合に用いられる型式である．

混成堤は，捨石マウンドの上に直立堤を設置する型式で，傾斜堤と直立堤の両方の機能を有し，比較的軟弱地盤にも適するため我が国では多く採用されている．

また，直立堤や混成堤の堤体前面を消波ブロックで被覆した型式が消波ブロック被覆堤で，反射波低減効果や越波防止効果に優れている．

このほか，消波性能や海水交換性能に優れた特殊防波堤として，図 6·30 に示すような縦スリットケーソン堤，多孔ケーソン堤，曲面スリット型ケーソン

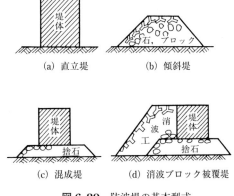

図 6·29　防波堤の基本型式

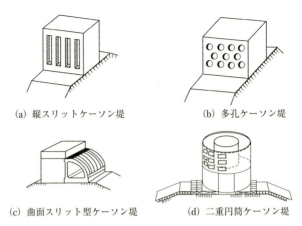

図 6·30　特殊防波堤の例

堤，二重円筒ケーソン堤などがある．親水機能を備えた防波堤として，和歌山マリナーティ親水防波堤や，流氷を眺めたり海中から観察できる紋別港親水防波堤と氷海展望塔などが建設されている．

(c) 係 留 施 設

係留施設は，船舶を安全に係留させ，貨物の積卸しや旅客の乗降を安全に行うための施設で，利用する船舶に応じた水深と延長を有していなければならな

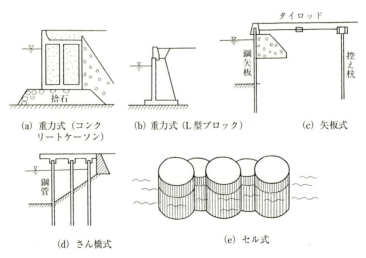

図 6·31　係留施設の例

い．係留施設の構造型式は大別すると，岸壁・物揚場，桟橋，係船杭，浮桟橋，係船浮標がある．岸壁と物揚場は陸岸に連続するタイプで，岸壁前面の水深が－4.5 m より浅い場合を物揚場とよんでいる．桟橋や係船杭は陸岸から離れたタイプで，浮き桟橋や係船浮標は海面上に浮かばせるタイプであり，図6·31に我が国で広く採用されている係留施設の例を示す．

これらの構造様式の選定に当たっては，地形・地質，地震，波浪，潮位・潮流，漂砂などの自然条件，荷役方式，対象船舶などの利用条件，それに建設費用等を考慮して決定される．

(2) 水産のための施設

新たな海洋秩序への移行を背景として，水産資源の適正な管理，つくり育てる漁業などを推進するために，漁業活動の拠点となる漁港施設の機能向上，漁業生産の中心となる漁場の造成および環境整備ならびに栽培漁業の中心となる増養殖場の整備が行われている．

これらに関連する施設として，漁港施設，人工魚礁，藻場・干潟，海水交流促進施設および防氷施設などについて概説する．

(a) 漁港施設

漁港施設は，外かく施設，係留施設，水域施設，輸送施設のほかに，陸揚げされた水産物の荷さばき施設，水産物の貯蔵・加工するための冷蔵庫や水産加工場，水産物の鮮度を保つための製氷施設，小型漁船のための船揚場などである．

漁港施設の建設で注意が必要な点は，港湾に比べて規模が小さいため，港建設で引き起こされる海浜変形により，港口や港内の埋没が生じないように計画することである．この抜本的な対策として，北海道の国縫漁港では漁港施設を沖合につくり，陸地と桟橋で連結する島式漁港とした（6章の口絵写真参照）[43]．この特徴は，島方式なので沿岸漂砂を遮断することが少なく，また島式漁港の規模と離岸距離を適切に定めることにより岸沖漂砂による海浜変形を極力少なくすることが可能であることである．さらに国縫漁港では，反射波の分散を図り周辺地域への影響を極力少なくするため，ワイングラス型をしておりワイングラス型漁港ともよばれる．

また近年，漁港施設整備に当たって，環境との共生にも重点が置かれ，藻場の繁茂を促進する背後小段付き傾斜堤，産卵礁機能を付加したヤリイカ産卵礁

188 6章 海岸の施設

型被覆ブロックを取り入れた防波堤構造の開発が進められている[44),45)].

(b) 人工魚礁施設

底生生物や沿岸の魚種によっては，海底または海中に存在する変化に富んだ地形や人工的に設置した構造物の周りに集まる習性がある．ある種の生物が存在すると食物連鎖により大型の生物もその周りに集まることとなる．この習性を利用して人工的に集魚するための施設が人工魚礁である．

魚礁の集魚機構は，魚礁自体が隠れ場，餌場，産卵場としての条件を満足していることや，魚礁によって誘起される渦流，微妙な音波，陰影によるものと考えられている．

人工魚礁としては，種々のコンクリート製の魚礁が開発されているが，最近はそれらコンクリート製魚礁を積み上げたり，割石を積み上げた大規模魚礁を建設している．この他，廃船や廃バス等を沈めて魚礁がわりにしたり，古タイヤを用いる例もある．

(c) 藻場の造成

藻場・干潟は水産生物の増殖の場としての機能，海洋環境の浄化機能など重要な機能を有しているが，天然の藻場は全国的に減少の傾向がある．このため，現存する藻場の保全に努めるとともに，磯焼け地帯，砂浜域，深い岩礁域での人工藻場の造成が重要となっている．人工藻場には，割石やコンクリートブロックなどが用いられてきたが，近年では藻類の着生性能向上のためコンクリートの表面処理法の調査[46)]や，石炭灰を混入したブロックの開発や脱硫剤を再利用した多孔質の造藻基盤材の開発[47)]なども行われている．

(d) 静穏海岸施設

砂浜性二枚貝の減耗要因は，

① 波浪による打ち上げあるいは活力低下

② ヒトデ，カレイ等による食害

③ 自然死亡

が挙げられるが，特に稚貝段階の減耗は，波浪の要因が大きいといわれている．このことは，石狩湾新港の建設に伴い港内の静穏域にホッキ稚貝が増加した例[48)]や，胆振海岸の人工リーフ背後の静穏海域でホッキ稚貝が増加した例[49)]のほか，離岸堤背後の静穏海域などでも同様の報告があることから推測できる．

このように港湾・漁港施設や海岸保全施設の建設に伴う静穏海域は，魚貝類に良い環境を提供できることにもなるので，水産生物との協調も考慮した構造

図 6・32 サロマ湖口アイスブームによる防氷[50]
(北海道開発局提供)

型式の選定,循環流や海水交換を考慮した配置計画の検討などをすすめる必要がある.

(e) 防氷施設

北海道のオホーツク海沿岸から,根室半島の大平洋岸にかけては冬期間流氷の影響を受ける.オホーツク海に面した海岸では約 50 cm 厚で海水が結氷するが,特にオホーツク海北部海域から南下してくる海氷は氷厚も大きく,また,氷脈 (ice ridge) を形成していて,その厚さも 10 m を越えるものもあり,水産資源に多大の被害を与えている.そのため,沙留海岸などでは,限られた海域を流氷から守る防氷柵が設置されている.最近では,図 6・32 に示すとおりサロマ湖内の養殖筏を流氷から防御するアイスブーム[50]が湖口に設置され効果を上げている.

(3) 海洋性レクリエーション施設

我が国の海辺のレジャーといえば,海水浴,潮干狩り,釣り,キャンプが主であったが,最近では国民所得の増大と余暇時間が増えたことにより,ヨット,モーターボート,水上オートバイのプレジャーボートの利用が増加している.特に水上オートバイはここ 10 年の間に著しく増加している.そのほか,サーフィン,ボードセイリング,カヌー,ダイビング,ビーチバレーなど,よりダイナミックなレクリエーションが若者に好まれている.

海洋性レクリエーション施設の基本的施設はマリーナとビーチであるが，我が国では現在，約570カ所のマリーナが運用されている[51]．なお，マリーナとは，ヨット，モーターボートなどを係留・保管するための桟橋やボートヤードのほかに，修理工場，クラブハウスなどがあり，気象・海象に関する情報が得られ，出入港管理などの安全対策が図られている総合的な施設のことである．

また，ビーチについても，従来から使われている海水浴場などのほか，全国で約300カ所で人工ビーチが整備運用されている．このほか，海浜公園・海中公園，海辺のオートキャンプ場などが整備されている．

演習問題

1. 海底勾配1/10の海浜で水深5mの地点に勾配1:5の斜面を設ける．周期8s，換算沖波波高3.6mの入射波に対する打ち上げ高 R を求めよ．
2. 設計有義波高 $H_{1/3}$ = 8.5 m の波が襲来する地点に，消波ブロック被覆堤を建設する．ブロックにテトラポッド（K_D = 8.3）を法勾配1:4/3で施工することとした．ブロックのコンクリート密度を 2300 kg/m³ の場合と 2400 kg/m³ の場合についてブロック最小安定質量をそれぞれ求めよ．ただし，海水の密度は 1030 kg/m³ である．
3. 左図の防波堤に，周期 $T_{1/3}$ = 11 s，最大波高 H_{max} = 7.5 m（有義波高 $H_{1/3}$ = 5.1 m）の波が，直入射している．このときの防波堤単位長さ当たりの全水平波力を合田式で求めよ．ただし，検討潮位（W.L）は +0.5 m，海水単位体積重量 $\rho_0 g$ = 10.3 kN/m³，海底勾配 i = 1/100 とする．

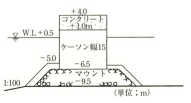

海岸環境の保全 7

■海岸の清掃活動*⁾

7・1 海岸環境問題

　1章で述べたように，1999年に改正された海岸法では海岸を波や流れなど外力による越波や侵食から保護することに留まらず，海岸環境を保全し，適正に利用することも主眼としている．その理由は1960年代の高度経済成長時代の，海岸域の急速な都市化，工業地帯化に伴う海岸域の自然環境の劣化がある．

　それゆえに残された貴重な海岸の自然環境を保全することが大切であり，さらには大きく損なわれた海岸環境の復元に努めることも必要となる．それはまた減少した海浜レクリエーションなどの利用の場の確保につながる．

　2000年以降に全国71の海岸について海岸保全基本計画が作成されている

---

*) 私達の消費活動が活発になるに比例して，海岸に漂着するゴミの量が増加している．漂着するゴミのほとんどはその海岸以外の地域から海あるいは川を経て波や流れによって運ばれてくる．上出の写真は，北海道南茅部町が住民参加の海岸環境保全運動として行っている，"ゴミを海岸に捨てない"をスローガンにした清掃活動「缶パック運動」である．美しく保たれている海岸の陰に，身近な海岸の環境を保全するために清掃活動を行っているボランティアがいることを忘れてはならない（北海道提供）．

表 7·1 最近の海岸環境問題とその発生理由

問　題	発　生　理　由	対　　策
漂着ゴミの増加	生活ゴミ・廃棄物の違法投棄，処理の不備 海流による他海域からの漂着物	違法投棄の排除 国際的規制
水質劣化	排水，下水処理の不備 ダムによる河川流出土砂の細粒化	処理施設の整備 山から海までの土砂管理
油流失汚染	タンカー座礁による流失 大地震時貯油タンク破損による漏洩，火災	早期の復旧対策 予防のための検査
流木	洪水時の森林倒木の大量流出 山林管理の不備	森林管理の充実 河川域での捕捉手法
動植物の減少	海岸への車両乗入による生息・繁茂地破壊 観光客増加による生息地毀損	車両乗入れ規制
景観毀損	海岸，港湾施設の大型化 不適切建造物，看板	景観に配慮した施設の計画設計

が，各海岸の住民アンケートの結果によると，海岸環境の問題として表7·1のような問題が主であった．

7·2　景観，生物環境の保全

6章で述べたように，これまでは高波による海岸侵食を防止するため護岸，堤防，消波堤，突堤などの構造物が中心に整備され，また津波，高潮対策としては津波防波堤，高潮防波堤の大規模な構造物が設置されてきた．これらの諸施設は，現在も国民の生命と財産の保全に重要な役割を果たしている．しかし，これらの施設はあくまでも防災の立場を重視した施設であるから，最近特に意識するようになってきた景観設計の問題はそれほど考慮されていないものが多い．

したがって景観を重視した場合，中には反対に景観を損ねている構造物も見られる．陸上より海上が見えないほど高いコンクリートの壁により海と陸とを遮断し，海から陸を隔離しているような海岸はその傾向にあるといえる．またこのような海岸は海から人々を遠ざけることにもなり，人々は海への親しみもおぼえず，関心も生じないこととなる．

これらの反省に立って，生命，財産を守るための安全な海岸づくりはもちろんのことであるが，それに加えて，極力"美しい景観を有する海岸づくり"，

"自然の海岸と調和，共生できる海岸づくり"，"多数の人が海に親しみ，楽しく利用できる空間としての海岸づくり" などを目的として，環境，景観に配慮した新しい考え方を積極的に取り入れた海岸づくりが計画がされてきている．

海岸の防護に関しては従来の線的防護方式から，面的防護方式に変わりつつあり，広い海岸域の確保と人々の海への親しみやすさ，近づきやすさを強調するような新しい海岸保全工法が取り入れられている．また，景観の美しい海岸を創出するためには広い砂浜の維持と背後地に緑地帯を設けることも必要であり，緑地帯としては松林の植栽が行われる．背後地の森林，松林は海岸方面からの潮風，飛砂，飛沫を防御するための重要な役割を果たすことにもなる．

このような海岸は夕日と波と海浜，それに海浜を散策する人により構成された美しい景観の海岸を創出する．

海岸域に生息する生物，植物に対しても環境に配慮してウミガメ，カブトガニの産卵を阻害しないように海浜，岩場の保全を図る必要があり，また沖合施設に人工リーフの設置を行うことにより海藻類，魚貝類の生育促進が期待できる．渡り鳥の生育に対しても砂浜，干潟の確保はよい環境を与えることとなりこのような自然と共生できる優しい海岸づくりが必要である．

海浜は海水浴，マリンスポーツなど人々で賑わう空間でもあり，気楽に海岸へ立ち入りができるよう整備を行うことで，さらに海洋性レクリエーションの基地として発展させることができる．特に高齢者，身障者が海の潮風に触れて，波の音を聞くことにより心身のリフレッシュを行い，健康な生活ができるような健康海岸づくりも重要である．そのために海岸へ容易にアクセスが可能なように階段，スロープの設置，遊歩道，休憩施設の設置も必要であろう．その他，子供達が波の現象を観察し，海岸をより深く理解できるような体験の場，学習，教育の場として海岸を利用しやすい環境づくりを施策に取り込むことも必要となる．

一方，人が多く集まっている海岸において，もし緊急に避難しなければならない事態が起こらないとも限らないため，このような事態に備えて，人命，財産を守る安全な海岸づくりを目指して津波防災センター，安全情報伝達施設など質の高い施設の整備が行われている．また，通常は美しい海岸が人が集中することにより汚染されないような管理，運営が必要となる．同時に人々の美しい海岸に対する意識改革，啓蒙も大切である．

以上の事柄を総合的に考えて，海岸域の環境保全に関しては，国，都道府県，

194   7章　海岸環境の保全

市町村がそれぞれ個別に施策を図るのではなく，相互に連携を保ち，今後は市街地の開発，整備，発展と一体化した海岸整備の取り組みが重要であるといわれている．このような観点から積極的に進められている例として C.C.Z. (Coastal Community Zone) 計画[1]がある．その計画は，北海道広尾海岸など全国で整備計画の海岸を含めて 40 海岸に及んでいる．

7・3　沿岸域の水質保全

　背後地に人口が集中し，生産業も盛んである大都市が広がっている地域では多分に汚染源を有して，産業排水，生活排水が河川に流入し，汚染負荷が大きい物質が河口より沿岸域に放出される．また河川の洪水時には多量の土砂も河口より流出される．したがって沿岸域の海底には砂地の上に泥土が被覆されるような状態となり，漁業，養殖漁場などに悪影響を及ぼすこととなる．泥土が窒素，リンを含むときは富栄養化が進み大量の藻，その他の水生成物の発生源と化し，赤潮の発生につながる．

　このような情勢に対応して，昭和 45 年に，水質汚濁防止法により水質の基準値が制定されている．この基準は人の健康を保護し，生活環境を保全する上で達成，維持することが望ましい基準とされている．環境白書(平成 12 年版)[2]によると，赤潮の発生件数は平成 10 年度に東京湾 37 件，伊勢湾 58 件，瀬戸内海 105 件，有明海 30 件となっており，今後ますます水質浄化に努めなければならないことが明白である．特に内湾，内海などの閉鎖性水域では汚染物質が蓄積しやすいため，富栄養化が進行し，水質が累進的に悪化する．このような海域では海底に堆積した泥層を浚渫により掘り出して，他の侵食が進んでいる海岸へ搬入したり，または，新しい砂を泥層の上に覆砂するなどして富栄養化を鈍化させる方策が取られている．また，砂浜自体暴気効果があり，極力砂浜を保全することが重要と考えられている．

　海水温についても沿岸域において平常の状況から温度変化が生じると，今まで水温に適した海洋生物の生育環境が悪化し生態系に異変が起こることが危惧される．たとえば，冷水性の藻類の発育とそれを食料とするウニ，アワビなどは海水温が高くなることにより生育が激減し，それに代わって，クラゲの大量発生などが挙げられる．このようなことから海岸に立地する原子力発電所，火力発電所からの温排水については海中に放流された後の温水の拡散状況，周辺

7·3 沿岸域の水質保全 **195**

海域の水温分布などが詳細に検討されている.

また，最近水深 200 m 以深に存在する 10 ℃以下の冷水，清浄，無菌，富栄養の深層水を汲み上げて利用する研究[4]が進められていて，この深層水は海表面の水温が高い海水と循環，交流させることにより海水の清浄化を図ること，沿岸の養殖漁場へ利用して魚貝類の発育促進，生産性の増大を図ることなど利用価値は高いといわれている．このような利用が可能となれば沿岸域の質の高い環境保全につながることが考えられる.

砂浜を歩くと「キュッキュッ」と足許で，心地よい音のする海岸がある．このような砂浜は，昔から「鳴り砂」，あるいは「泣き砂」海岸と呼ばれていた．鳴き砂は石英分が多く，細粒分が少なくほぼ一様な粒径の砂浜で，かつ水質が良好な海岸に見出される.

鳴り砂海岸はかつては全国に 60 カ所があったが，海岸の汚れが目立つようになると減少し，現在は表 7·2 のように 30 カ所以下になった．この表から明らかなように鳴り砂海岸は，ひなびた地方の海岸に多く，大都市，大工業地帯，大河川の近くの海岸には見当たらない．今日の都市化社会の中で海岸環境を維持する困難さとともに，対策のためのヒントを与えている.

表 7·2 現存の「鳴り砂」海岸

海 域	道府県	海 岸 名
太平洋	北海道	イタンキ海岸*)，静狩海岸**)
	青森県	猿ヶ森砂丘，大須賀海岸
	岩手県	浪板海岸，小久保海岸，九九鳴浜，十八鳴浜
	宮城県	夏浜，小屋取浜，十八成浜
	福島県	四倉海岸
日本海	石川県	琴ヶ浜，千代浜
	京都府	ぎゅうぎゅう場，琴引浜
	鳥取県	青谷浜，井出ヶ浜，ミカセ浜，石脇海岸
	島根県	波根海岸，琴ヶ浜
	山口県	清ヶ浜，室津海岸
	福岡県	奈多海岸，恋の浦
	佐賀県	姉子の浜

*) 3 章の口絵写真（p.25）参照
**) は 2003 年に確認され，文献 3）に出ていない.

7·4 地球環境と海岸

終わりに，地球温暖化の問題に若干触れる．本来，地球の気温は大気中の二酸化炭素，メタン，フロン，亜酸化窒素，対流圏オゾンなどの温室効果ガス濃度が一定に保たれていると，地表から放出される赤外線が吸収され地球の平均気温が 15 ℃ の一定温度に保たれることとなる．

この効果の炭酸ガスの寄与率は 65 ％ 程度を占めているが，今後引き続き炭酸ガスの放出量が現状程度続くと，温室効果ガスの濃度が高まり，地球温暖化が進行していくこととなる．地球温暖化に関する調査を進めている国際組織，IPCC（気候変動に関する政府間パネル）の報告によると現状の炭酸ガスの放出が進むと 100 年後には地球の平均温度が約 2 ℃ 上昇するといわれている．三村ら[5]によると，これにより海面が 65 cm 上昇すると，日本沿岸の海浜の 81.7 ％ が喪失すると予測している．

したがって，環境が整った美しい海岸域を後世に残すための対策としては，炭酸ガスの排出を極力抑制し温暖化の進行を是非とも阻止することが重要で，今後海岸域を保全するための最大の課題となるであろう．

演 習 問 題

1. リモートセンシングによる観測が水質保全上有効と思われる現象を挙げ，その理由を説明せよ．
2. 君の知っている海岸の清掃活動が，どのような団体で実施され，どのような方法で行われているか，調査せよ．
3. 「鳴り砂」の発生機構を述べ，それが存在する海岸が近年，減少している理由を考察せよ．

演習問題解答

■3章

3. 例題と同様な手順で図 3.13 を用いて推定すると

18 時で $H_{1/3} = 4.8$ m, $T_{1/3} = 8.3$ 秒. 24 時で $H_{1/3} = 6.6$ m, $H_{1/3} = 9.6$ 秒を得る.

4. $T = 12.8$ s について, 深水波長を計算すると, 式 (3.53) より

$$L_0 = gT^2/2\pi = 1.56T^2 = 1.56 \cdot 12.8^2 = 256 \text{ m} \qquad \text{①}$$

水深 $h = 150$ m について

$h/L_0 = 150/256 = 0.58 \ (>0.5)$

したがって, この波は深水波である.

1) 式 (3.53) より

$$C_0 = gT/2\pi = 1.56T = 1.56 \times 12.8 = 20.0 \text{ m/s} \qquad \text{②}$$

2) 式 (3.50) より

$$[u_{max}]_{z=0} = \left[(\pi H_0/T) e^{kz} \right]_{z=0} = 3\pi/12.8 = 0.74 \text{ m/s} \qquad \text{③}$$

3) 式 (3.32) と式 (3.48) より

$$[\zeta_{max}]_{z=0} = \left[(H_0/2) e^{kz} \right]_{z=0} = 3/2 = 1.5 \text{ m} \qquad \text{④}$$

5. 砕波限界の一つの判定法である, 波峰 η_c の水平方向水粒子速度の最大値 u_{max} が波速に等しい, に従って求める.

線形理論の波峰は

$$\eta_c = \frac{H}{2} \qquad \text{①}$$

であるから,

$$[u_{max}]_{z=H/2} = \left[\left(\frac{\pi H_0}{T} \right) e^{kz} \right]_{z=H/2} = \left[\left(\frac{\pi H_0}{T} \right) e^{\frac{\pi H_0}{L_0}} \right] \qquad \text{②}$$

$$= C_0 = \frac{gT}{2\pi}$$

$$\left(\frac{\pi H_0}{L_0} \right) e^{\frac{\pi H_0}{L_0}} = 1 \qquad \text{③}$$

あるいは

$$\ln\left(\frac{\pi H_0}{L_0}\right) + \frac{\pi H_0}{L_0} = 0$$

これから

$$\frac{\pi H_0}{L_0} = 0.567$$

したがって線形理論の深水波の限界波形勾配は

$$\left(\frac{H_0}{L_0}\right)_c = 0.18$$

有限振幅波理論では式（3.117）を深水波条件に適用して 0.142 が得られる.

6 (1) $\alpha_0 = 0$ の場合

この場合は等深線に対して，波向は直角に入射するので，屈折が無い2次元の浅水変形のみである．深海波長 L_0 は，

$$L_0 = g\,T^2/2\,\pi = 1.56\,T^2 = 1.56 \times 6^2 = 56.2 \text{ m}.$$

これより，$H_0/L_0 = 1/56.2 = 0.0178$.

この値につき図3·32により $H_b/H_0 = 1.24$ を読取って，砕波波高 $H_b = 1.24$ m を得る.

砕波水深 h_b は図3·33で，h_b を仮定して h_b/L_0 と H_b/h_b から試算法で求める．

$h_b/L_0 = 0.03$，$H_b/h_b = 0.74$ から，$h_b = 1.7$ m と推定される.

c_b は図3·16の c/c_0 の曲線から $h/L_0 = 0.03$ について，$c/c_0 = 0.43$ と読取れるので，

$$c_b = 0.43 \times 1.56\,T = 0.43 \times 1.56 \times 6 \text{ より，} c_b = 4.0 \text{ m/s}.$$

屈折しないので，$\alpha_b = \alpha_0 = 0$ である.

(2) $\alpha_0 = 20°$ の場合

平行等深線海岸の斜め入射波に対する屈折係数と入射角は図3·24から求められる．

$h_b = 1.6$ m と仮定し，$h_b/L_0 = 0.0285$，$\alpha_0 = 20°$ に対して $K_r = 0.97$ が読取られるので，$H_0' = K_r H_0 = 0.97$ m，これより $H_0'/L_0 = 0.0172$ となり，図3·32により $H_b/H_0 = 1.26$ と読取られので，$H_b = 1.2$ m.

図3·33において，$H_b/h_b = 1.2/1.6 = 0.75$ に対する $h_b/L_0 = 0.0285$ となるから，仮定値が正しく，$h_b = 1.6$ m.

図3·16の c/c_0 の曲線から $h/L_0 = 0.0285$ について，$c/c_0 = 0.41$ と読取れるので，$c_b = 0.41 \times 1.56\,T = 0.41 \cdot 1.56 \cdot 6$ から，$c_b = 3.8$ m/s.

砕波点の入射角 α_b は，図3·24において，$h_b/L_0 = 0.0285$，$\alpha_0 = 20°$ に対して $\alpha - \alpha_0 = 12°$ と読取れるので，$\alpha_b = 20° - 12° = 8°$ が得られる.

7. 地球を球と仮定するから，二点間の直線距離 S_s は

$$S_s = \sqrt{(x_2-x_1)^2 + (y_2-y_1)^2 + (z_2-z_1)^2}$$
$$= \sqrt{(\cos\theta_2 \cdot \cos\phi_2 - \cos\theta_1 \cdot \cos\phi_1)^2 + (\cos\theta_2 \cdot \sin\phi_2 - \cos\theta_1 \cdot \sin\phi_1)^2 + (\sin\theta_2 - \sin\theta_1)^2} \cdot R$$

①

ここで，

$$\theta_1 = 61.1°, \quad \theta_2 = 38.2°. \quad \phi_1 = 32.3°, \quad \phi_2 = 38.8°, \quad R = 6370 \text{ km}$$

演習問題解答　**199**

を上式に代入し，

$S_s = 5193$ km

また地球表面に沿う距離 S_c は

$S_c = R\,\alpha$　　　　　　　　　　　　　　　　②

ここで

$\alpha = \text{arc sin}\,(S_s/2R)$　　　　　　　　　　③

したがって　$\alpha = 0.84$ rad., $S_c = 5350$ km

二点間の津波の伝播時間 t_c は

$t_c = S_c/\sqrt{gh} = 5350 \cdot 10^3/\sqrt{9.8 \cdot 4000} = 5350 \cdot 10^3/198$

$= 7$ hr 18 min.

■ 4 章

1. 海流は恒風により起こる海洋表層の流れで循環流を形成し，気象の長期予報に関係している流れである．吹送流は風によって起こる海洋での流れであり，油の拡散に影響を与える流れである．潮流は海水位が潮汐により変動することに起因して起こる水平方向の湾内の流れであり，内湾における物質拡散に影響を与える．

2. 黒潮は暖流で，台湾の南，フィリピン北東に源を発し，一部は対馬海峡を抜けて対馬暖流となるが，主流は沖縄西，九州南西部，四国沖，紀伊半島沖を通り，房総半島沖を通った後，東方に向きを変えて，太平洋海流に合流する．親潮は寒流で，ベーリング海，オホーツク海から南下し，千島近海，北海道太平洋岸，三陸沖を通る海流である．対馬暖流は黒潮の分岐流に源を発する暖流で，朝鮮半島西岸を通過し，日本海日本周辺を北上し，津軽海峡と宗谷海峡から太平洋に抜けて消滅する海流である．

3. 潮流の向きが逆転する時の流れや現象を転流と呼ぶ．海水面は潮汐の干満に伴い上下変動するが内湾や内海では水位変化がそれより遅れて上下動するために海水は高いところから低いところに移動し流れが生じる．これが潮流である．内湾や内海の海水位は外海の水位よりも遅れて変動するために外海よりも満潮時には低く，干潮時には高くなる．このため，潮流の向きも変化し，満潮時には外海から向かってくる流れ，干潮時には外海に向かう流れとなる．潮流の向きが逆転するときの流れや現象を転流と呼ぶ．

4. 表層の流れの向きと逆向きの流れが発生する深さがあり，表層からこの深さまでの層をエクマン層と呼ぶ．吹送流は海洋で風により発生する広域の流れであり，広域の流れにはコリオリの力が作用し支配的となる．吹送流はコリオリ力のため深さ方向に流れの向きがらせん状に右向きに変わる．このように深くなるごとに流れの向きが変わるために，海面上と逆向きになる流れが生じ，この深さを摩擦深度と呼び，海面から摩擦深度までの層をエクマン層と呼んでいる．

5. 離岸流はある間隔をもって集中的に岸から沖に向かう砕波帯付近の流れであり，汀線に直角に近い波の入射により発生する．沿岸流は海岸に波が斜めに入射したときに発生する流れであり，岸に沿って波の下手側（進行方向）に向かう流れで

200　演習問題解答

ある.

6. 離岸流の発生間隔 Y_r は砕波帯 X_b の 1.5～8.0 倍にあるが，一般には 3～4 倍の間隔で観測される．よって，$X_b = 100\,\mathrm{m}$ のときは，$Y_r = 300～400\,\mathrm{m}$ となる.

7. 海水が逆流するのは河の水位が海よりも低くなるときがあるためであり，また，水位が同じでも海水の密度が淡水よりも大きいために海水が逆流して河道に進入する．大きな河川の河口河道内の水位は外海の水位よりも遅れて変動するため海の水位が高くなるときがあり，このときに海水が河道に逆流して遡上する．また，水位が同じ場合でも，海水の方が淡水よりも密度が大きいために下層を海水が逆流して河道内に進入する.

8. 感潮狭水路には平衡状態になる安定流積 A_e が存在する．A_e は交番流速の大きさ，外海潮位差，内湾の水面積，沿岸漂砂量，外海潮位変動周期によって決まる.

9. 表 4·2 に示すとおり.

10. 水平拡散係数および鉛直拡散係数の概略値のオーダーは $10\,\mathrm{m}^2/\mathrm{s}$ および $10^{-2}\,\mathrm{m}^2/\mathrm{s}$ となる.

■ 5 章

3. $P_l = (1/8)\rho g (H^2 c_g)_b \sin\alpha_b \cos\alpha_b = (1/8)\rho g H_b^2 c_{gb} \sin\alpha_b \cos\alpha_b$

　　ここで，$c_{gb} = c_b$ とおけることに留意すると，演習問題 3 章 6 で得られた値から，
$P_l = (1/8)\times 1.03\times 1.2^2 \times 3.8\times \sin 8\times \cos 8 = (1/8)\times 1.03\times 1.44\times 3.8\times 0.14\times 0.99 = 0.098\,\mathrm{tf/s}$ となる.

　　式 (5·4)，$I_l = Q(\rho_s - \rho)g = KP_l$ において $K = 0.39$ として
$$I_l = 0.39\times 0.098 = 0.038\,\mathrm{tf/s},$$
$$Q = I_l / (\rho_s - \rho)g = 0.038/(2.65 - 1.03) = 0.024\,\mathrm{m}^3/\mathrm{s},$$

　　この値が 1 年間を代表するとすれば，1 年 $= 365\times 24\times 60\times 60 = 31,536,000\,\mathrm{s}$ を上記に乗じて
$$I_l = 120\,万\,\mathrm{tf/y}, \quad Q_l = 76\,万\,\mathrm{m}^3/\mathrm{y}\,を得る.$$

■ 6 章

1. ① 堤脚水深の砕波水深領域か重複波領域かの検討
$$H_0'/L_0 = 3.6/99.82 = 0.036$$
なので，図 3·32 の 1/10 の線より $H_b/H_0' = 1.27$
$$\therefore\quad H_b = 4.57\,\mathrm{m}$$
　　図 3·33 より h_b を仮定して，$H_b = 4.57\,\mathrm{m}$ に一致するような h_b を求めると $h_b = 4.45\,\mathrm{m}$ となる.

　　よって，$h_b < h = 5\,\mathrm{m}$ なので堤脚水深は重複波領域にある.

② 斜面上での砕波の有無の検討
$$(2\alpha_c/\pi)^{1/2}\sin^2\alpha_c/\pi = H_0'/L_0\,より，\alpha_c = 0.4716\,となり，斜面勾配\,1:5\,は，$$
$\alpha = 0.2$ なので，$\alpha < \alpha_c$　斜面上で砕波

③ 斜面先端における波高 H_l の検討

演習問題解答　**201**

堤脚水深が砕波水深 h_b 以深なので，$K_s = H_I/H_0'$　より求める．

$T = 8$ s，$h = 5$ m の波長は，$L = 53.05$ m

$$K_s = \cfrac{1}{\sqrt{\left[1 + \cfrac{4\pi h/L}{\sinh(4\pi h/L)}\right] \tanh\left(\cfrac{2\pi h}{L}\right)}} = 1.022$$

$$H_I = H_0' K_s = 3.68 \text{ m}$$

④　打ち上げ高 R の検討

よって，$R = 1.63\,H_0' = 1.63 \times 3.6 = 5.87$ m

$$\frac{R}{H_0'} = \left[\sqrt{\frac{\pi}{2\alpha_c}} + \pi\frac{H_I}{L}\coth(kh) \times \left\{1 + \frac{3}{4\sinh^2(kh)} - \frac{1}{4\cosh^2(kh)}\right\}\right] \cdot K_s \cdot \left(\frac{\tan\alpha}{\tan\alpha_c}\right)^{2/3}$$

$$= \left[\sqrt{\frac{\pi}{2\times0.4716}} + \pi\frac{3.68}{53.05}\coth(0.592)\left\{1 + \frac{3}{4\sinh^2(0.592)} - \frac{1}{4\cosh^2(0.592)}\right\}\right]$$

$$\times 1.022 \times \left(\frac{\tan(0.2)}{\tan(0.4716)}\right)^{2/3}$$

$$= [1.825 + 0.410\{1 + 1.907 - 0.179\}] \times 1.022 \times 0.541 = 1.63$$

よって，$R = 1.63\,H_0' = 1.63 \times 3.6 = 5.87$ m

2. ブロックの最小安定質量 M は，$M = \cfrac{\rho_r H^3}{K_D \cot\beta(S_r - 1)^3}$ で求まる．

$K_D = 8.3$，$H = 8.5$ m，$\cot\beta = 4/3$，$\rho_w = 1030$ kg/m³ として計算する．

①　$\rho_r = 2300$ kg/m³ の場合

$$S_r - 1 = \rho_r/\rho_w - 1 = 2300/1030 - 1 = 1.233$$

$$M = \frac{\rho_r H^3}{K_D \cot\beta(S_r - 1)^3} = \frac{2300 \times 8.5^3}{8.3 \times 4/3 \times 1.233^3} = 68089 \text{ kg}$$

②　$\rho_r = 2400$ kg/m³ の場合

$$S_r - 1 = \rho_r/\rho_w - 1 = 2400/1030 - 1 = 1.330$$

$$M = \frac{\rho_r H^3}{K_D \cot\beta(S_r - 1)^3} = \frac{2400 \times 8.5^3}{8.3 \times 4/3 \times 1.300^3} = 56610 \text{ kg}$$

3. 検討潮位 $+0.5$ m なので，$h = 10$ m，$d = 5.5$ m，$h' = 7.0$ m，$h_c = 3.5$ m となる．
波長は，$L = 102.8$ m である．

①　5倍沖出し水深 h_b

$$h_b = 10.0 + 5\,H_{1/3}\cdot i = 10 + 5 \times 5.1/100 = 10.26 \text{ m}$$

②　$\alpha_1 \sim \alpha_3$

$4\pi h/L = 1.222$，$2\pi h/L = 0.611$ より，

$$\alpha_1 = 0.6 + \frac{1}{2}\left[\frac{4\pi h/L}{\sinh(4\pi h/L)}\right]^2 = 0.6 + \frac{1}{2}\left[\frac{1.222}{1.550}\right]^2 = 0.910$$

$$\alpha_2 = \min\left\{\frac{h_b - d}{3h_b}\left(\frac{H_{max}}{d}\right)^2, \frac{2d}{H_{max}}\right\} = \min\left\{\frac{10.26 - 5.5}{3 \times 10.26}\left(\frac{7.5}{5.5}\right)^2, \frac{2 \times 5.5}{7.5}\right\}$$

$$= \min\{0.288, 1.467\} = 0.288$$

$$\alpha_3 = 1 - \frac{h'}{h}\left[1 - \frac{1}{\cosh\left(2\pi h/L\right)}\right] = 1 - \frac{7.0}{10.0}\left[1 - \frac{1}{1.192}\right] = 0.887$$

③ η^*

$$\eta^* = 1.5 H_{max} = 1.5 \times 7.5 = 11.25 \text{ m}$$

④ 天端での波圧係数 α_4

$$h_c^* = \min\{\eta^*,\, h_c\} = \min\{11.25,\, 3.5\} = 3.5 \text{ m}$$

$$\alpha_4 = 1 - \frac{h_c^*}{\eta^*} = 1 - \frac{3.5}{11.25} = 0.689$$

⑤ p_1, p_3, p_4

$$p_1 = (\alpha_1 + \alpha_2)\rho_0 g H_{max} = (0.910 + 0.288) \times 10.3 \times 7.5 = 92.55 \text{ kN/m}^2$$

$$p_3 = \alpha_3 \times p_1 = 0.887 \times 92.55 = 82.09 \text{ kN/m}^2$$

$$p_4 = \alpha_4 \times p_1 = 0.689 \times 92.55 = 63.77 \text{ kN/m}^2$$

⑥ 全水平波力 P

$$
\begin{aligned}
P &= (63.77 + 92.55) \times 3.5/2 + (92.55 + 82.09) \times 7/2 = 273.56 + 611.24\\
&= 884.80 \text{ kN/m}
\end{aligned}
$$

付　　　録

1. 記号説明

a :　　　振　幅

A :　　　定数，湾口の流積

a_b :　　　内湾潮位の振幅

A_h :　　　渦動粘性係数

a_s :　　　外海潮位の振幅

b :　　　移動平均の時間幅

B :　　　定　数

B_f :　　　底面摩擦係数

C :　　　波速，シェジン係数，塩水濃度，拡散物質濃度

C_G :　　　波の群速度，海水の塩分濃度

D :　　　うねりの減衰距離，摩擦深度

D_i :　　　拡散係数

E :　　　波の全エネルギー（単位幅，1 波長当たり）

E_k :　　　波の運動エネルギー（単位幅，1 波長当たり）

$\overline{E}$:　　　波の全エネルギー（水面の単位面積当たり平均）

E_p :　　　波の位置エネルギー（単位幅，1 波長当たり）

f :　　　コリオリ係数

F :　　　吹送距離

F_{min} :　　　最小吹送距離

g :　　　重力の加速度 $= 9.8$（m/s^2）

h :　　　水　深

H :　　　波　高

$\overline{H}$:　　　平均波高

H_B :　　　砕波波高

$H_{1/3}$:　　　有義波の波高

$(H_{1/3})_F$:　　　風域の終端における有義波の波高

$(H_{1/3})_D$:　　　距離 D を進行した後のうねりの有義波高

k :　　　波　数

204　付　　録

k_1, k_2：　　定　数

K：　　　定数，水平拡散係数

ℓ：　　　感潮狭水路長

L：　　　波長，拡散現象のスケール

n：　　　マニングの相度係数

N：　　　波の数，定数

p：　　　確率，圧力の強さ，定数

P：　　　超過発生確率，定数

Q：　　　流量，物質湧出量

Q_l：　　沿岸漂砂量

Re：　　レイノルズ係数

S：　　　底勾配，潮面積

$S(f)$：　一次元（周波数）スペクトル

S_{xx}：　ラディエーションストレス

S_{xy}：　ラディエーションストレス

S_{yy}：　ラディエーションストレス

t：　　　時間，吹送時間

t_{min}：　最小吹送時間

t_D：　　うねりの到達時間

T：　　　波の周期

$\overline{T}$：　　　波の平均周期

$T_{1/3}$：　有義波の周期

$(T_{1/3})_F$：　風域の終端における有義波の周期

$(T_{1/3})_D$：　距離 D を進行した後のうねりの有義波周期

u：　　　水粒子の波による水平運動速度，流速，x 方向の流速，離岸流速

u：　　　平均流

u_w：　　波の軌道速度

u_t：　　乱れの速度

U：　　　風　速

U^*：　　無次元離岸流速

v：　　　y 方向の流速，沿岸流速

V：　　　無次元沿岸流速

w：　　　水粒子の波による鉛直運動速度

w_0：　　海水の単位体積重量 $\rho g = 1.03\,(\mathrm{t/m^3})$

W：　　　波のエネルギー輸送量（単位幅，単位時間当たり）または波パワー（単

位幅)

x：　　　水平座標，水平距離

x_B：　　静水時汀線から砕波点までの距離

X：　　　沖方向無次元距離

X_B：　　砕波帯の幅

X：　　　外力の水平方向成分

y：　　　水平座標，沖方向の座標

Y_r：　　離岸流発生間隔

$Y_r{}^*$：　無次元離岸流発生間隔 $= Y_r/X_B$

$Y_{r0}{}^*$：　無次元離岸流間隔 $= Y_r/x_B$

z：　　　静水面から上方に正ととった鉛直座標，水中深さ

Z：　　　外力の鉛直方向成分

α：　　　定　　数

β：　　　定　　数

ζ：　　　水粒子の平均位置からの水平変位，平均水位上昇高

η：　　　波面の静水面からの変位，汀線方向の無次元距離

θ：　　　入射角，クーリガン数

θ_h：　　砕波点における入射角

μ_B：　　砕波水深

ξ：　　　水粒子の平均位置からの鉛直変位，沖方向の無次元距離

π：　　　円周率

ρ：　　　密　　度

σ：　　　角振動数

ϕ：　　　速度ポテンシャル，緯度，輸送流水関数

ω：　　　地球の自転角速度

2. 付　表

付表・1　水深・周期・波長および波速の表 (1)　(水理公式集昭和60年版)

水深(m) \ 周期(s)	3.0		4.0		5.0		6.0		7.0		8.0		9.0		10.0	
	波長(m)	波速(m/s)	波長(m)	波速(m/s)	波長(m)	波速(m/s)	波長(m)	波速(m/s)	波長(m)	波速(m/s)	波長(m)	波速(m/s)	波長(m)	波速(m/s)	波長(m)	波速(m/s)
0.5	6.39	2.13	8.67	2.17	10.92	2.18	13.16	2.19	15.39	2.20	17.62	2.20	19.84	2.20	22.06	2.21
1.0	8.69	2.90	11.99	3.00	15.23	3.05	18.43	3.07	21.61	3.09	24.78	3.10	27.94	3.10	31.09	3.11
1.5	10.21	3.40	14.37	3.59	18.40	3.68	22.36	3.73	26.29	3.76	30.19	3.77	34.08	3.79	37.95	3.80
2.0	11.30	3.77	16.22	4.05	20.94	4.19	25.57	4.26	30.14	4.31	34.67	4.33	39.18	4.35	43.68	4.37
2.5	12.09	4.03	17.71	4.43	23.08	4.62	28.31	4.72	33.46	4.78	38.56	4.82	43.62	4.85	48.67	4.87
3.0	12.67	4.22	18.95	4.74	24.92	4.98	30.71	5.12	36.39	5.20	42.01	5.25	47.58	5.29	53.13	5.31
3.5	13.09	4.36	19.98	5.00	26.52	5.30	32.84	5.47	39.02	5.57	45.13	5.64	51.18	5.69	57.19	5.72
4.0	13.39	4.46	20.85	5.21	27.93	5.59	34.75	5.79	41.42	5.92	47.98	6.00	54.48	6.05	60.92	6.09
4.5	13.60	4.53	21.57	5.39	29.18	5.84	36.49	6.08	43.61	6.23	50.61	6.33	57.53	6.39	64.40	6.44
5.0	13.75	4.58	22.18	5.55	30.29	6.06	38.07	6.34	45.63	6.52	53.05	6.63	60.38	6.71	67.64	6.76
6.0	13.91	4.64	23.11	5.78	32.17	6.43	40.84	6.81	49.24	7.03	57.47	7.18	65.57	7.29	73.58	7.36
7.0	13.99	4.66	23.75	5.94	33.67	6.73	43.19	7.20	52.39	7.48	61.37	7.67	70.20	7.80	78.92	7.89
8.0	14.02	4.67	24.19	6.05	34.86	6.97	45.19	7.53	55.16	7.88	64.86	8.11	74.38	8.26	83.77	8.38
9.0	14.03	4.68	24.47	6.12	35.81	7.16	46.91	7.82	57.61	8.23	68.01	8.50	78.19	8.69	88.22	8.82
10.0	14.03	4.68	24.65	6.16	36.56	7.31	48.37	8.06	59.78	8.54	70.85	8.86	81.68	9.08	92.32	9.23
11.0	14.04	4.68	24.77	6.19	37.15	7.43	49.62	8.27	61.72	8.82	73.44	9.18	84.89	9.43	96.12	9.61
12.0	14.04	4.68	24.84	6.21	37.60	7.52	50.69	8.45	63.44	9.06	75.80	9.48	87.85	9.76	99.67	9.97
13.0	14.04	4.68	24.89	6.22	37.95	7.59	51.60	8.60	64.98	9.28	77.96	9.74	90.59	10.07	102.98	10.30
14.0	14.04	4.68	24.91	6.23	38.22	7.64	52.38	8.73	66.35	9.48	79.93	9.99	93.14	10.35	106.07	10.61
15.0	14.04	4.68	24.93	6.23	38.42	7.68	53.03	8.84	67.58	9.65	81.73	10.22	95.51	10.61	108.98	10.90
16.0	14.04	4.68	24.94	6.23	38.57	7.71	53.58	8.93	68.66	9.81	83.39	10.42	97.71	10.86	111.71	11.17
17.0	14.04	4.68	24.95	6.24	38.68	7.74	54.04	9.01	69.63	9.95	84.90	10.61	99.77	11.09	114.29	11.43
18.0	14.04	4.68	24.95	6.24	38.77	7.75	54.42	9.07	70.48	10.07	86.29	10.79	101.68	11.30	116.71	11.67
19.0	14.04	4.68	24.95	6.24	38.83	7.77	54.74	9.12	71.25	10.18	87.56	10.95	103.47	11.50	119.00	11.90
20.0	14.04	4.68	24.95	6.24	38.87	7.77	55.00	9.17	71.92	10.27	88.72	11.09	105.14	11.68	121.16	12.12
22.0	14.04	4.68	24.95	6.24	38.93	7.79	55.39	9.23	73.03	10.43	90.76	11.35	108.14	12.02	125.12	12.51
24.0	14.04	4.68	24.96	6.24	38.96	7.79	55.65	9.28	73.89	10.56	92.46	11.56	110.76	12.31	128.66	12.87
26.0	14.04	4.68	24.96	6.24	38.98	7.80	55.83	9.30	74.54	10.65	93.86	11.73	113.04	12.56	131.83	13.18
28.0	14.04	4.68	24.96	6.24	38.98	7.80	55.94	9.32	75.03	10.72	95.02	11.88	115.01	12.78	134.66	13.47
30.0	14.04	4.68	24.96	6.24	38.99	7.80	56.02	9.34	75.40	10.77	95.97	12.00	116.72	12.97	137.19	13.72
35.0	14.04	4.68	24.96	6.24	38.99	7.80	56.11	9.35	75.96	10.85	97.64	12.20	120.03	13.34	142.38	14.24
40.0	14.04	4.68	24.96	6.24	38.99	7.80	56.14	9.36	76.22	10.89	98.61	12.33	122.26	13.58	146.25	14.63
50.0	14.04	4.68	24.96	6.24	38.99	7.80	56.15	9.36	76.39	10.91	99.46	12.43	124.71	13.86	151.16	15.12
60.0	14.04	4.68	24.96	6.24	38.99	7.80	56.15	9.36	76.42	10.92	99.72	12.46	125.71	13.97	153.68	15.37
70.0	14.04	4.68	24.96	6.24	38.99	7.80	56.15	9.36	76.42	10.92	99.79	12.47	126.10	14.01	154.91	15.49
深水波	14.04	4.68	24.96	6.24	38.99	7.80	56.15	9.36	76.43	10.92	99.82	12.48	126.34	14.04	155.97	15.60

付　録　**207**

付表・2　水深・周期・波長および波速の表 (2)　(水理公式集昭和60年版)

周期 (s) 水深 (m)	11.0 波長(m)	11.0 波速(m/s)	12.0 波長(m)	12.0 波速(m/s)	13.0 波長(m)	13.0 波速(m/s)	14.0 波長(m)	14.0 波速(m/s)	15.0 波長(m)	15.0 波速(m/s)	16.0 波長(m)	16.0 波速(m/s)	18.0 波長(m)	18.0 波速(m/s)	20.0 波長(m)	20.0 波速(m/s)
1.0	34.2	3.11	37.4	3.12	40.5	3.12	43.7	3.12	46.8	3.12	50.0	3.12	56.2	3.12	62.5	3.13
2.0	48.2	4.38	52.6	4.39	57.1	4.39	61.6	4.40	66.0	4.40	70.5	4.40	79.4	4.41	88.2	4.41
3.0	58.6	5.33	64.2	5.35	69.6	5.36	75.1	5.37	80.6	5.37	86.1	5.38	97.0	5.39	107.9	5.39
4.0	67.3	6.12	73.7	6.14	80.1	6.16	86.5	6.18	92.8	6.19	99.1	6.20	111.8	6.21	124.4	6.22
5.0	74.9	6.81	82.0	6.84	89.2	6.86	96.3	6.88	103.4	6.90	110.5	6.91	124.7	6.93	138.8	6.94
6.0	81.5	7.41	89.4	7.45	97.3	7.48	105.1	7.51	113.0	7.53	120.8	7.55	136.3	7.57	151.8	7.59
7.0	87.6	7.96	96.1	8.01	104.7	8.05	113.2	8.08	121.6	8.11	130.1	8.13	146.9	8.16	163.7	8.19
8.0	93.1	8.46	102.3	8.52	111.4	8.57	120.6	8.61	129.6	8.64	138.7	8.67	156.7	8.71	174.7	8.74
9.0	98.1	8.92	108.0	9.00	117.7	9.05	127.4	9.10	137.1	9.14	146.7	9.17	165.9	9.22	185.0	9.25
10.0	102.8	9.35	113.2	9.44	123.6	9.50	133.8	9.56	144.1	9.60	154.2	9.64	174.5	9.69	194.7	9.73
12.0	111.3	10.12	122.8	10.24	134.2	10.33	145.6	10.40	156.8	10.45	168.0	10.50	190.3	10.57	212.5	10.63
14.0	118.4	10.80	131.3	10.95	143.8	11.06	156.1	11.15	168.3	11.22	180.5	11.28	204.7	11.37	228.7	11.44
16.0	125.5	11.41	139.0	11.58	152.4	11.72	165.7	11.83	178.8	11.92	191.9	11.99	217.9	12.11	243.7	12.18
18.0	131.4	11.95	145.9	12.16	160.3	12.33	174.4	12.46	188.5	12.57	202.4	12.65	230.1	12.81	257.6	12.88
20.0	136.8	12.44	152.3	12.69	167.5	12.88	182.5	13.04	197.4	13.16	212.2	13.26	241.5	13.42	270.6	13.53
22.0	141.7	12.89	158.1	13.17	174.1	13.39	190.0	13.57	205.7	13.72	221.3	13.83	252.2	14.01	282.8	14.14
24.0	146.2	13.29	163.4	13.61	180.3	13.87	197.0	14.07	213.5	14.23	229.9	14.37	262.3	14.57	294.3	14.72
26.0	150.3	13.66	168.3	14.02	186.0	14.31	203.5	14.53	220.8	14.72	237.9	14.87	271.8	15.10	305.3	15.26
28.0	153.9	13.99	172.8	14.40	191.3	14.72	209.6	14.97	227.6	15.17	245.5	15.34	280.8	15.60	315.7	15.78
30.0	157.3	14.30	176.9	14.74	196.2	15.10	215.3	15.38	234.1	15.60	252.7	15.79	289.4	16.08	325.6	16.28
35.0	164.4	14.95	186.0	15.50	207.2	15.94	228.1	16.29	248.7	16.58	269.0	16.81	309.1	17.17	348.6	17.43
40.0	170.1	15.46	193.5	16.12	216.5	16.65	239.1	17.08	261.4	17.43	283.4	17.71	326.7	18.15	369.3	18.46
45.0	174.5	15.86	199.6	16.64	224.4	17.26	248.7	17.76	272.6	18.17	296.2	18.51	342.6	19.03	388.1	19.41
50.0	178.0	16.18	204.7	17.06	231.0	17.77	256.9	18.35	282.5	18.83	307.6	19.23	357.0	19.83	405.4	20.27
55.0	180.7	16.42	208.8	17.40	236.6	18.20	264.1	18.86	291.3	19.41	317.8	19.86	370.1	20.56	421.3	21.06
60.0	182.7	16.61	212.1	17.68	241.4	18.57	270.3	19.31	298.4	19.92	326.9	20.43	382.0	21.22	435.9	21.80
70.0	185.5	16.86	216.9	18.08	248.7	19.13	280.3	20.02	311.6	20.77	342.4	21.40	403.0	22.39	462.1	23.10
80.0	187.0	17.00	220.0	18.33	253.7	19.52	287.7	20.55	321.5	21.43	354.9	22.18	420.5	23.36	484.6	24.23
90.0	187.8	17.07	221.9	18.49	257.2	19.78	293.1	20.93	329.1	21.94	364.9	22.80	435.3	24.19	504.2	25.21
100.0	188.3	17.11	223.0	18.58	259.5	19.96	297.0	21.21	334.9	22.32	372.8	23.30	447.8	24.88	521.2	26.06
120.0	188.6	17.15	224.1	18.67	261.9	20.15	301.6	21.54	342.5	22.83	383.9	23.99	466.9	25.94	548.8	27.44
140.0	188.7	17.15	224.4	18.70	262.9	20.23	303.8	21.70	346.6	23.11	390.6	24.41	480.1	26.67	569.5	28.48
160.0	188.7	17.16	224.5	18.71	263.3	20.26	304.9	21.78	348.7	23.25	394.4	24.65	489.1	27.17	585.0	29.25
180.0	188.7	17.16	224.6	18.72	263.5	20.27	305.3	21.81	349.8	23.32	396.6	24.79	495.0	27.50	596.4	29.82
200.0	188.7	17.16	224.6	18.72	263.6	20.27	305.5	21.82	350.4	23.36	397.8	24.87	498.8	27.71	604.6	30.23
深水波	188.7	17.16	224.6	18.72	263.6	20.28	305.7	21.84	350.9	23.40	399.3	24.96	505.3	28.07	623.9	31.19

付表・3 水深・周期・波長および波速の表（3）（水理公式集昭和60年版）

水深(m)	周期(s) 2.2 波長(m)	2.2 波速(m/s)	2.4 波長(m)	2.4 波速(m/s)	2.6 波長(m)	2.6 波速(m/s)	2.8 波長(m)	2.8 波速(m/s)	3.0 波長(m)	3.0 波速(m/s)	3.2 波長(m)	3.2 波速(m/s)	3.5 波長(m)	3.5 波速(m/s)	4.0 波長(m)	4.0 波速(m/s)
0.1	2.15	0.976	2.35	0.978	2.55	0.980	2.75	0.981	2.95	0.983	3.15	0.983	3.45	0.985	3.94	0.986
0.2	2.99	1.361	3.28	1.367	3.57	1.372	3.85	1.376	4.14	1.379	4.42	1.382	4.85	1.385	5.55	1.388
0.3	3.61	1.643	3.97	1.655	4.32	1.663	4.68	1.670	5.03	1.676	5.38	1.681	5.90	1.686	6.77	1.693
0.4	4.11	1.870	4.53	1.887	4.94	1.901	5.35	1.912	5.76	1.921	6.17	1.928	6.78	1.936	7.79	1.947
0.5	4.53	2.059	5.00	2.084	5.47	2.103	5.93	2.118	6.39	2.131	6.85	2.141	7.53	2.153	8.67	2.167
0.6	4.89	2.222	5.41	2.255	5.93	2.280	6.44	2.300	6.95	2.316	7.45	2.329	8.21	2.345	9.45	2.364
0.7	5.20	2.364	5.77	2.404	6.33	2.436	6.89	2.462	7.45	2.482	8.00	2.499	8.81	2.518	10.17	2.542
0.8	5.47	2.488	6.09	2.538	6.70	2.577	7.30	2.607	7.90	2.632	8.49	2.653	9.37	2.677	10.82	2.706
0.9	5.72	2.598	6.38	2.657	7.03	2.703	7.67	2.740	8.31	2.770	8.94	2.794	9.88	2.823	11.43	2.857
1.0	5.93	2.695	6.63	2.764	7.33	2.818	8.01	2.861	8.69	2.896	9.36	2.924	10.35	2.958	11.99	2.999
1.1	6.12	2.782	6.87	2.861	7.60	2.923	8.32	2.973	9.04	3.013	9.75	3.045	10.80	3.085	12.52	3.131
1.2	6.29	2.859	7.08	2.949	7.85	3.019	8.61	3.075	9.36	3.121	10.11	3.158	11.21	3.203	13.02	3.256
1.3	6.44	2.928	7.27	3.028	8.08	3.107	8.88	3.170	9.66	3.222	10.44	3.264	11.60	3.314	13.50	3.374
1.4	6.58	2.989	7.44	3.100	8.29	3.188	9.12	3.258	9.95	3.316	10.76	3.363	11.97	3.419	13.94	3.486
1.5	6.70	3.044	7.60	3.165	8.48	3.262	9.35	3.340	10.21	3.403	11.06	3.455	12.31	3.517	14.37	3.592
1.6	6.80	3.092	7.74	3.225	8.66	3.331	9.56	3.416	10.46	3.486	11.34	3.543	12.64	3.611	14.77	3.693
1.7	6.90	3.135	7.87	3.278	8.82	3.394	9.76	3.487	10.69	3.562	11.60	3.625	12.95	3.700	15.16	3.789
1.8	6.98	3.173	7.99	3.327	8.97	3.452	9.95	3.552	10.90	3.635	11.85	3.703	13.24	3.784	15.53	3.881
1.9	7.05	3.206	8.09	3.371	9.11	3.505	10.12	3.614	11.11	3.702	12.08	3.776	13.52	3.864	15.88	3.970
2.0	7.12	3.236	8.19	3.411	9.24	3.554	10.28	3.670	11.30	3.766	12.30	3.845	13.79	3.940	16.22	4.054
深水波	7.55	3.431	8.98	3.743	10.54	4.055	12.23	4.367	14.04	4.679	15.97	4.991	19.11	5.459	24.96	6.239

注：周期 2.0 秒以下の波については，付表・1，付表・2 の水深および波長の値を 0.01 倍し，周期および波速の値を 0.1 倍して換算する。

参 考 文 献

■1章
1）荒巻孚：海岸，犀書房，1971.
2）貝塚爽平・成瀬洋・太田陽子：日本の平野と海岸＜日本の自然4＞，p.226の図1.5（一部改変），岩波書店，1985.
3）建設省河川局防災・海岸課海岸室監修：1999-2000海岸ハンドブック，全国海岸協会，2000.
4）国土計画研究会：データブック日本の海洋利用，p.7 表1-3（一部改変），ぎょうせい，1983.
5）小池一之・太田陽子：変化する日本の海岸，古今書院，1996.
6）建設省河川局・農林水産省構造改善局・同水産庁・運輸省港湾局［監修］：海岸保全基本方針，全国海岸協会，2000.
7）建設省河川局編：平成10年度版海岸統計，1999.
8）磯部雅彦編著：海岸の環境創造，朝倉書店，1994.

■2章
1）日本海運振興会・国際海運問題研究会：新しい海洋法，成山堂書店，1998.
2）国土計画研究会：データブック日本の海岸利用，ぎょうせい，1983.
3）農林統計協会：図説漁業白書（平成11年度版），2000.
4）港湾環境創造研究会：よみがえる海浜，環境創造21，山海堂，1997.
5）Scientific American：The Oceans, Quarterly 9-3, 1998.
6）近藤俶郎編著：海洋エネルギー利用技術，森北出版，1996.
7）近藤俶郎：波力発電-技術開発の現状と実用化への課題-，土木施工，45-8，山海堂，2004.

■3章
1）Kinsman, B.：Wind Waves, Prentice-Hall, 1965.
2）土木学会：水理公式集（平成11年版），1999.
3）佐伯浩・泉洌・新井泰澄：クノイド波理論の二，三の特性と適用限界について，土木学会北海道支部論文報告集，No.25，1969.
4）Wilson, B., L. M. Webb, and J. A. Hendrickson：NESCO Tech. Rept., SN-57-2, 1962.

210 参考文献

5）岩垣雄一：最新海岸工学，森北出版，1987.

6）合田良實：波浪の非線形性とその記述パラメター，土木学会海岸工学講演集，1983.

7）土木学会：水理公式集（昭和60年版），1985.

8）村木義男：概説海岸工学，3.1 海の波，森北出版，1987.

9）堀川清司：［新編］海岸工学，東京大学出版会，1991.

10）浦島三朗：北海道開発局苫小牧港建設事務所，「苫小牧港調査報告書」より作成，2004.

11）光易恒：海洋波の物理，岩波書店，1995.

12）近藤俶郎・竹田英章：消波構造物，森北出版，1983.

13）合田良美：浅海域における波浪の砕波変形，港湾技術研究所報告，14-3，1975.

14）土木学会海岸工学委員会：海岸保全施設設計便覧〔改訂版〕，1969.

15）岩垣雄一：最新海岸工学，p.108，森北出版，1987.

16）Penny, W. G. and A. T. Price：The diffraction theory of sea waves by breakwaters and shelter afforded by breakwaters, Phi. Trans, Roy. Soc., A 244, 1952

17）土木学会海岸工学委員会：海岸施設設計便覧（2000年版），2000.

18）岩垣雄一：石原藤次郎編，水工水理学，11章，波とその変形，丸善，1972.

19）椹木亨：砕波特論：1973年度水工学に関する夏期研修会講義集，Bコース，1973.

20）佐伯浩・藤本治聖：砕波の形態について，土木学会北海道支部論文報告集，第20号，1976.

21）合田良実：砕波指標の整理について，土木学会論文報告集，第180号，1970.

22）佐伯浩・佐々木幹夫：砕波後の波の変形に関する研究，第21回海岸工学講演会論文集，pp.39-44，1974.

23）佐伯浩：概説海岸工学，3・3・5　流れによる波の変形，森北出版，1987.

24）Iida Kumiji：IUGG Monograph No. 24, 1963.

25）Iida Kumiji：Jour. Earth Sci., Nagoya Univ., 6. 1958.

26）Kishi T. and H. Saeki：Shoaling and run-up of solitary wave on impermeable slop, Proc. of Coastal Eng., Vol. 1, 1966.

27）岩崎敏夫：津波，1970年度水工学に関する夏期研修会講義集，A．海岸・港湾コース，土木学会水理委員会，1970.

28）富樫宏由：津波の陸上遡上とその対策に関する研究，東北大学学位論文，1976.

29）宇野木早苗：日本の高潮，1972年度水工学に関する夏期研修会講義集，Bコース，1972.

30）宇野木早苗，磯崎一郎：高潮における気圧と風の効果の比較，第13回海岸工学講演会集，1966.

31）宇野木早苗：港湾のセイシュと長周期波について，第6回海岸工学講演会講演集，1959.

32）Ippen, A. T. and Y. Goda：Wave induced oscillation in harbors, the solution for a rectangular harbor connected to the open-sea, Hydraulic Loboratory Rept. No.

59, MIT, 1963.

33) 土木学会：水理公式集（昭和46年版），1971.

■4章

1) 日高孝次：海流，岩波全書，p.42，岩波書店，1955.

2) 同上，p 48.

3) 北海道開発局土木試験所：日高・胆振海岸侵食成因調査報告書，1970.

4) Shepard, F. P. and D. L. Inman：Nearshore circulation related to bottom topography and wave refraction, Trans. A. G. U., Vol. 31, No. 4, p.196－212, 1950.

5) McKenzie, R.：Rip current systems, J. Geol., Vol. 66, p.103－113, 1958.

6) Sonu, C. J.：Field Observation of Nearshore Circulation and Meandering Currents, J. Geophy. Res., Vol. 77, No. 18, p.3232－3247, 1972.

7) Harris, I. F. W.：Field and model studies of the nearshore circulation, Ph. D. thesis, Univ. of Natal, Durban, South Africa, 1969.

8) 橋本宏・宇多高明・新行内利隆：リモートセンシングによる海浜流循環の観測，第29回海岸工学講演会論文集，p.351－355，1982.

9) 佐々木幹夫：海浜循環流速の断面分布について，第31回海岸工学講演会論文集，p.426～430，1984.

10) 佐々木幹夫：海浜流の速度分布について，第29回海岸工学講演会論文集，p.356－359，1982.

11) Longuet-Higgins, M. S. and R. W. Stewart：Changes in the form of short gravity waves on steady non-uniform currents, J. Fluid Mech., Vol. 10, pp.565－583, 1960.

12) Longuet-Higgins, M. S. and R. W. Stewart：Radiation stress and mass transport in gravity waves, with application to "Surf Beats", J. Fluid Mech.,Vol. 13, pp.481－504, 1962.

13) Bowen, A. J., D. L. Inman and V. P. Simons：Wave "Set-Down and Set-Up", J. Geophys. Res., Vol. 73, pp.2569－2577, 1968.

14) Bowen, A. J.：The generation of longshore currents on a plane beach,J. Mar. Res.,Vol. 27, No. 2, p.206－215, 1969.

15) Longuet-Higgins, M. S.：Longshore current generated by obliquely incident sea waves 1, J. Geophys. Res., Vol. 75, pp.6778－6789, 1970.

16) Longuet-Higgins, M. S.：Longshore current generated by obliquely incident sea waves 2, J. Geophys. Res., Vol. 75, pp.6790－6801, 1970.

17) ニコラス・佐々木民雄：沿岸流速度分布に及ぼす入射角の影響について，第25回海岸工学講演会論文集，p.430－434，1978.

18) Galvin, C. J. and P. E. Eagleson：Experimental study of longshore currents on a plane beach, U. S. Army Coast. Eng. Res. Cent., Tech. Mem. 10, pp 1－80, 1965.

19) 堀川清司・佐々木民雄・堀田新太郎・桜木弘：海浜流に関する研究（第2報），

212 参考文献

第 21 回海岸工学講演会論文集，p.347‑354，1974.

20) 堀川清司・佐々木民雄・堀田新田郎・桜本　弘：海浜流に関する研究（第 3 報），第 22 回海岸工学講演会論文集，p.127‑134，1975.

21) Bowen, A. J.：Rip current, Part 1, Theoretical investigations, J. Geophys. Res. Vol. 74, pp.5467‑5478, 1969.

22) 佐々木幹夫・尾崎晃：自由噴流型と純循環流型の離岸流，土木学会論文報告書，Vol. 288, p.95‑106, 1979.

23) O'Rourke, J. C. and P. H. Le Blond：Longshore currents in a semicircular bay, J. Geophy. Res., Vol. 77, No. 3, p.444‑452, 1972.

24) 橋本宏・宇多高明・新行内利隆：リモートセンシングによる海浜流循環の観測，第 29 回海岸工学講演会論文集，p.351‑355，1982.

25) 柏村正和・吉田静男：河口の Flow Pattern について，第 12 回水理講演会講演集，pp.13‑18，1968.

26) 近藤俶郎：感潮狭水路の流速，内水域潮位および最大流速水深の一解法，土木学会論文報告集，第 206 号，pp.49‑57，1972.

27) 合田良實・佐藤昭二：海岸・港湾，彰国社，1972.

28) 近藤俶郎：感潮狭口の最大流速水深と最小流速，海岸工学講演会論文集，pp.370，1974.

29) 近藤俶郎：海面上昇に伴う感潮狭口の流積変化予測，海岸工学講演会論文集，第 37 巻，pp.868‑872，1990.

30) 孟昭武，近藤俶郎，藤間聡：感潮狭口の流積に及ぼす沿岸漂砂の影響，海岸工学論文集，第 47 巻，pp.631‑635，2000.

31) Orlob, G. T.：Eddy diffusion in homogeneous turbulence, J. Hyd. Div., Proc. ASCE, Vol. 76, pp.3493‑3514, 1971.

32) 那須義和・余湖典昭：苫小牧海域の水質について，昭和 56 年度苫小牧港湾環境調査報告書，苫小牧港湾環境調査委員会，pp.159‑216，1982.

33) 大阪府：大阪府水産試験場報告，昭和 46 年 6 月.

34) 橋本宏・宇多高明：海浜流と摩擦係数の現地観測，第 25 回海岸工学講演会論文集，pp.435‑439，1978.

■5章

1）土木学会海岸工学委員会：海岸保全施設設計便覧［改訂版］，1969.

2）尾崎晃：概説海岸工学，5 漂砂と海浜過程，森北出版，1988.

3）土木学会水理委員会：水理公式集（平成 11 年版），1999.

4）土木学会海岸工学委員会：海岸施設設計便覧（2000 年版），2000.

5）椹木亨：漂砂と海岸侵食，森北出版，1982.

6）Dean, R. G. and R. G. Dalrymple：Coastal Process with Engineering Applications, Cambridge U.P., 2002.

7）川森晃：北海道オホーツク海沿岸感潮沼の湖口海浜過程の研究，室蘭工業大学

参 考 文 献　**213**

大学院建設工学専攻　博士学位論文，1993.

8 ）Komar, P. D.：Coastal Erosion-Underlying Factors and Human Impacts, Shore & Beach, 68 - 1, ASBPA, pp. 3 - 15, 2002.

9 ）宇多高明：日本の海岸侵食，山海堂，1997.

10）宇多高明：海岸侵食の実態と解決策，山海堂，2004.

■6章

1 ）近藤俶郎・竹田英章：消波構造物，p.110，森北出版，1983.

2 ）合田良實：［増補改訂］港湾構造物の耐波設計，p.70，鹿島出版会，1997.

3 ）合田良實・鈴木康正・岸良安治・菊地始：不規則波実験における入・反射波の分離推定法，港研技術資料，No.248，pp.1 - 24，1976.

4 ）近藤俶郎・竹田英章：消波構造物，pp.94 - 114，森北出版，1983.

5 ）坂本洋一・宮地陽輔・上西隆広・竹田英章：傾斜堤の水理機能に関する実験的研究，土木試験所報告，82 号，p.31，1984.

6 ）Goda, Y.：Re-analysis of laboratory data on wave transmission over breakwaters, Rept. PHRI, Vol. 8, No. 3, pp.3 - 18, 1969.

7 ）合田良實・鈴木康正・岸良安治：不規則波実験とその特性について，第 21 回海岸工学講演会論文集，pp.237 - 242，1974.

8 ）近藤俶郎・佐藤功：防波堤天端高に関する研究，北海道開発局土木試験場月報，117 号，pp.1 - 15，1963.

9 ）高田彰：規則波の打ち上げ高および越波量の定式化について，第 22 回海岸工学講演会論文集，pp.377 - 386，1975.

10）高田彰：波の遡上，越波および反射の関連性について，土木学会論文報告集，182 号，pp.19 - 30，1970.

11）高田彰：打ち上げ高および越波，1977 年度（第 13 回）水工学に関する夏期研修会講演集　B コース，土木学会，pp.B 2 - 1 - 18，1977.

12）合田良實・岸良安治・神山豊：不規則波による防波護岸の越波流量に関する実験的研究，港研技研報告，Vol. 14，No. 4，pp. 3 - 44，1975.

13）合田良實：防波護岸の越波流量に関する研究，港研技研報告，Vol. 9，No. 4，pp. 3 - 41，1970.

14）福田伸夫・宇野俊泰・入江功：防波護岸の越波に関する現地観測（第 2 報），第 20 回海岸工学講演会論文集，pp.113 - 118，1973.

15）Morison, J. R., M. P. O'Brien,　J. W. Johnson and　S. A. Schaaf,：The force exerted by surface waves on piles, Petroleum Trans., AIME, Vol. 189, pp.149 - 154, 1950.

16）Mizuno, Y., K. Tokikawa, M. Hirasawa, Y. Nagai and T. Kadono,：Wave Forces on Cylindrical Members at Offshore Structure, Proc. of 22 nd International Conference on Coastal Engineering, ASCE Ⅱ, pp.1281 - 1291, 1990.

17）港湾の施設の技術上の基準・同解説（上巻），p.160，日本港湾協会，1999.

214 参考文献

18) 水理公式集（平成 11 年版），pp.534 - 535，土木学会，1999.

19) 港湾の施設の技術上の基準・同解説 （上巻），pp.157 - 158，日本港湾協会，1999.

20) Hudson, R. Y.：Laboratory investigation of rubble mound breakwater, Proc. of ASCE, Vol. 85, WW 3, pp.93 - 121, 1959.

21) 高橋重雄・木村克俊・谷本勝利：斜め入射波による混成堤マウンド被覆材の安定性に関する実験研究，港研技研報告，Vol. 29, No. 2, pp.3 - 36, 1990.

22) Coastal Engineering Research Center, U. S. Army Corps of Engineers：Shore Protection Manual, Vol. 2, 1973.

23) 本間仁・堀川清司・長谷直樹：護岸に働く波力について，第 9 回海岸工学講演会講演集，pp.133-137, 1962.

24) 富永正昭・久津見生哲：海岸堤防に作用する砕波後の波圧，第 18 回海岸工学講演会論文集，pp.15 - 221, 1971.

25) 広井勇：波力の推定法に就て，土木学会誌，6 巻 2 号，pp.435 - 449, 1920.

26) 伊藤喜行・藤島　睦・北谷高雄：防波堤の安定性に関する研究，港湾技研報告，5 巻 14 号，p.134, 1966.

27) 合田良實・福森利夫：直立壁および混成堤直立部に働く波圧に関する実験的研究，港湾技研報告，11 巻 2 号，pp.3-45, 1972.

28) 合田良實：防波堤の設計波圧に関する研究，港湾技研報告，12 巻 3 号，pp.31 - 69, 1973.

29) 土木学会海岸工学委員会：海岸施設設計便覧 ［2000 年版］，土木学会，2000.

30) 豊島修：現場のための海岸工学（侵食編），pp.74 - 75，森北出版，1972.

31) 豊島修：現場のための海岸工学（侵食編），pp.292 - 313，森北出版，1972.

32) 今日出人：直轄事業・胆振海岸，海岸，Vol. 34, No. 1, pp.65 - 69, 1994.

33) 海岸保全施設築造基準連絡協議会：改訂海岸保全施設築造基準解説，p.224, 1987.

34) 宇多高明・小俣篤・横山揚久：人工リーフ周辺に生じる海浜流と地形変化，第 34 回海岸工学講演会論文集，pp.337 - 341, 1987.

35) 山崎丈夫・宇多高明・衛門久明・小俣篤：「人工リーフの設計の手引き」とその留意点，海岸工学論文集第 39 巻，pp.651 - 655, 1992.

36) 土屋義人・R. Silvester・芝野照夫：安定海浜工法による海岸侵食制御について，第 26 回海岸工学講演会論文集，pp.191 - 194, 1979.

37) 運輸省港湾局：ビーチ計画・設計マニュアル，pp.46 - 59，日本マリーナ・ビーチ協会，1992.

38) 椹木亨：ウォーターフロント開発と水環境創造，p.67，技報堂出版，1995.

39) 加藤一正・柳嶋慎一：長周期波によるバームの侵食，土木学会論文集 No. 452/ II - 20, pp.41 - 50, 1992.

40) 片山忠・黒川　誠・柳嶋慎一・加藤一正・長谷川巌：透水層設置による前浜地下水位の制御，海岸工学論文集第 39 巻，pp.871 - 875, 1992.

41) 堀川清司・西村仁嗣：津波防波堤の効果について，第 16 回海岸工学講演会講演集，pp.365 - 370, 1969.

42) 宇多高明・小俣篤：海洋利用空間の創成・保全技術の開発研究の成果と今後の展望，海岸，No.31，pp.12－19，1991.

43) 鎌田彰：島式漁港の建設と海浜変形−国縫漁港における事例−，土木学会北海道支部論文報告集　第51号（B），pp.316－321，1995.

44) 明田定満・山本泰司・小野寺利治・鳴海日出人・斉藤二郎・谷野賢二：複断面構造を有する港湾構造物への海藻群落形成について，海岸工学論文集第44巻(2)，pp.1131－1135，1997.

45) 谷野賢二・鳴海日出人・佐々木秀郎・北原繁志・本間明宏・黄金崎清人：港湾域におけるヤリイカの産卵に関する研究，海岸工学論文集第45巻（2），pp.1156－1160，1998.

46) 明田定満・谷野賢二・中内勲・高橋義昭・小野寺利治：表面処理の相違によるコンクリート面への海藻着生状況について，海岸工学論文集第43巻（2），pp.1246－1250，1996.

47) 鳴海日出人・小林創・黄金崎清人・川嶋昭二：石炭灰系廃棄物を利用した効果的な藻礁（ビオユニット）の研究，海洋開発論文集，Vol.12，pp.485－490，1996.

48) 明田定満・宮本義憲・谷野賢二：港湾構造物の建設に伴うホッキガイ分布域の変遷−石狩湾新港を事例にして−，開発土木研究所月報 No.487，pp.2－8，1993.

49) 今日出人：直轄事業・胆振海岸，海岸，Vol.34，No.1，pp.61－70，1994.

50) 関口浩二・遠山哲次郎・荒田崇・清水敏晶：サロマ湖湖口部アイスブームに作用する氷力に関する研究，海洋開発論文集，Vol.13，pp.853－858，1997.

51) 運輸省運輸政策局海洋室：海洋性レクリエーションの現状と展望，p.90，日本海事広報協会，1998.

■7章

1）建設省：コースタル・コミュニティ・ゾーン整備計画'93－'94，財団法人リバーフロント整備センター制作，1994.

2）環境庁：環境白書（各論）（平成12年版），pp.81－82，2000.

3）黒田昭夫：大切な物，建設業界，Vol.52，10月号，2003.

4）吉田静男，三船修司，今井肇，松村一弘，室正彦：自然エネルギーを用いた深層取水システム，土木学会北海道支部論文報告集第55号（B），pp.218－223，1999.

5）Mimura, N. and E. Kawaguchi：Responses of coastal topography to sea-levelrise, Proc. of 25 th International Conference on Coastal Engineering, pp.1349－1360, 1996.

■付録

1）土木学会水理委員会：水理公式集（昭和60年版），1985年.

索　　引

あ 行

アイスブーム　189
IPCC　196
安定海浜工法　176
安定係数　162
安定数　162
安定数によるハドソン式　162
異常気象　7
1次海岸　4
移動限界水深　139
打ち上げ高　153
うねり　26
エアリー波　28
役務施設　184
エクマン層　104
エクマンらせん　104
SMB法　46
越　波　155
越波流量　155
越波量　155
エネルギーフラックス　50
沿岸砂州　141
沿岸漂砂　135
沿岸流　104
塩水楔　119
オイラーの運動方程式　28
親　潮　100

か 行

海　崖　7
外かく施設　184
海岸環境創造施設　168
海岸区分　10
海岸工学　2
海岸災害　9
海岸施設　168
海岸侵食　146
海岸法　9
海岸保全施設　168
海水準　5

回転波　26
海浜安定化工法　182
海浜過程　134
海浜流　97
海洋エネルギー　21
海洋工学　3
海洋資源　21
海洋循環流　99
海洋法　14
海　流　96
拡　散　125
拡散係数　127
角速度　28
河口処理施設　168
河口密度流　118
河口流出流　121
化石燃料　22
緩混合型　120
慣性力　159
慣性力係数　159
完全移動　139
岸沖漂砂　135
期待滑動量方式　166
機能施設　184
機能設計　169
基本施設　184
強混合型　120
漁港施設　187
漁港法　17
許容越波流量　156
均等係数　136
クーリガン・カーペンター数
　（KC数）　159
屈　折　55
グリーン　77
黒　潮　99
傾斜堤　185
憩　流　100
係留施設　186
公　海　15

索　引　**217**

向岸流　104
航行補助施設　184
構造設計　169
合田式　166
広天端幅潜堤　172
抗　力　159
抗力係数　159
港湾工学　2
港湾施設　184
港湾法　17
護　岸　180
混成堤　185

さ 行

最終防御施設　170
最大波　41
栽培漁業　20
砕波力　163
サブサンドフィルター工法　181
サンドバイパス工法　179
サンフルー　163
地震のマグニチュード　75
弱混合型　119
周波数スペクトル　45
重複波力　163
自由噴流型離岸流　115
重力波　25
純循還流型離岸流　115
初期移動　139
所要質量　161
シルベスター　176
新型海域制御構造物　183
人工魚礁　188
人工藻場　188
人工岬工法　178
人工リーフ　172
水域施設　184
水質汚濁防止法　8, 194
水　深　28
吹送流　97
ステップ　141
スネルの法則　56
スペクトル　44
スペクトル法　46
スベルドラップ・ムンク・ブレットシュ
　ナイダー　46

設計高潮位　181
ゼロアップクロス　40
ゼロダウンクロス　40
線形波動理論　28
浅水波理論　32
浅水変形　48
全面移動　139
造船工学　3
相対打ち上げ高　153
相対水深　28
ソリシステム　132

た 行

タイダルプリズム　124
高　潮　7
地下水位低下工法　181
チャペル　181
中立海岸　3
潮汐発電　22
潮　流　97
潮流楕円　101
直立堤　185
沈水（沈降）海岸　3
対馬暖流　100
津　波　26
津波対策施設　168
津波の逆伝搬図　72
津波の伝搬図　72
津波のマグニチュード　73
津波防波堤　182
堤体空隙率　152
堤　防　180
伝達波　151
伝達率　151
転　流　100
透過性　171
透過波　151
透過率　151
透水層　182
土砂収支　143
突　堤　174
トンボロ　144, 171

な 行

波の周期　28
波のスペクトル　44

218 索　引

鳴り砂　195
2次海岸　4

は 行

排他的経済水域　15
波　形　28
波形勾配　28
波高計　39
波　谷　28
波　数　28
波　速　28
波　長　28
波　頂　28
ハドソン式　162
波浪・高潮対策施設　168
波浪観測　39
波浪発電　24
反射波　149
反射率　149
反射率の概略値　150
PNJ法　46
ヒーリーの方法　150
非回転波　26
飛砂・飛沫対策施設　168
微小振幅浅水波理論　28
漂　砂　134
漂砂制御（侵食対策）施設　168
漂砂の供給源　135
漂砂量　140
表層移動　139
氷　脈　189
表面張力波　25
広井式　165
フェリーボート　17
フェルマーの原理　56
附帯設備　168
浮　力　164
ブロック形状係数　152
分子拡散　126

平均海面低下　110
平均流　106
平均粒径　136
ヘッドランド　176
方向スペクトル　44
防氷施設　189
ポケットビーチ　6

ま 行

乱れの速度　106
ミッシェ　149
密度流　97
ミニキンの式　165
藻　場　188
モリソン式　159

や 行

有義波　41
有義波法　46
揚圧力　166
養浜工　178
揚　力　161

ら 行

ラディエーションストレス　108
乱流拡散　126
離岸堤　170
離岸流　104
陸繋島　144
離水（隆起）海岸　3
領　海　15
臨海型産業　19
レイノルズ数（Re数）　159
レーリー　41
連続の式　28

わ 行

ワイングラス型漁港　187

著 者 略 歴

近藤 俶郎（こんどう・ひでお）
　1966 年　カリフォルニア大学バークレー校大学院土木工学専攻，M.S.
　1975 年　室蘭工業大学教授
　2000 年　室蘭工業大学名誉教授　現在に至る．工学博士

佐伯 　浩（さえき・ひろし）
　1966 年　北海道大学大学院工学研究科土木工学専攻修士課程修了
　1984 年　北海道大学工学部教授
　2007 年　北海道大学総長　現在に至る．工学博士

佐々木 幹夫（ささき・みきお）
　1972 年　秋田大学鉱山学部土木工学科卒業
　1978 年　北海道大学大学院工学研究科土木工学専攻博士課程修了
　1994 年　八戸工業大学工学部教授　現在に至る．工学博士

佐藤 幸雄（さとう・ゆきお）
　1961 年　北海道大学農学部農業工学科卒業
　1999 年　北見工業大学教授
　2002 年　北見工業大学定年退官．工学博士
　2009 年　死去

水野 雄三（みずの・ゆうぞう）
　1972 年　北海道大学大学院工学研究科土木工学専攻修士課程修了
　1994 年　北海道開発局開発土木研究所水工部長
　1997 年　北海道工業大学工学部教授　現在に至る．工学博士

　　　　　　　　　　　　　　　　　　ⓒ 近藤俶郎・佐伯　浩・佐々木幹夫
海岸工学概論　　　　　　　　　　　　佐藤幸雄・水野雄三　　　　　　　*2005*

2005 年 2 月 25 日　第 1 版第 1 刷発行　　　【本書の無断転載を禁ず】
2010 年 2 月 10 日　第 1 版第 2 刷発行

著　　　者　近藤俶郎・佐伯　浩・佐々木幹夫
　　　　　　佐藤幸雄・水野雄三
発 行 者　森北博巳
発 行 所　森北出版株式会社
　　　　　　東京都千代田区富士見 1-4-11　（〒102-0071）
　　　　　　電話 03-3265-8341／FAX 03-3264-8709
　　　　　　http://www.morikita.co.jp/
　　　　　　日本書籍出版協会・自然科学書協会・工学書協会　会員
　　　　　　ＪＣＯＰＹ ＜㈳出版者著作権管理機構　委託出版物＞

落丁・乱丁本はお取替えいたします　　　　　印刷／壮光舎印刷・製本／石毛製本

Printed in Japan／ISBN 978-4-627-49551-7

海岸工学概論 ［POD版］

2018年1月30日	発行

著　者	近藤俶郎, 佐伯　浩, 佐々木幹夫, 佐藤幸雄, 水野雄三
発行者	森北　博巳
発　行	森北出版株式会社 〒102-0071 東京都千代田区富士見1-4-11 TEL　03-3265-8341　　FAX　03-3264-8709 http://www.morikita.co.jp/
印刷・製本	ココデ印刷株式会社 〒173-0001 東京都板橋区本町34-5
	ISBN978-4-627-49559-3　　　　　　Printed in Japan

JCOPY ＜（社）出版者著作権管理機構　委託出版物＞

2020.02.17